技能型人才培养特色名校建设规划教材

数控加工工艺制订与实施

主　编　陈秋霞　赵金凤

副主编　刘秀霞　郭　君　王英博　展如新　侯云霞　刘宝君

U0312392

中国水利水电出版社
www.waterpub.com.cn

内 容 提 要

本书以企业真实案例为蓝本，根据企业的实际生产特点设计典型的工作任务，通过六个典型案例的讲解，详细介绍机械零件数控加工工艺设计的全过程，案例选择由简单到复杂，从零件的材料、热处理、生产批量、结构形式等多方面阐述数控加工工艺设计的要点，并对影响机械产品加工质量的工艺装备、切削用量等因素进行详细讲解。为检验学生对所学知识的掌握程度，在每个任务后面增加了知识拓展和思考与练习，便于巩固所学知识点与技能点。

本书的案例均基于一个完整的工作过程，内容翔实、通俗易懂，适合目前职业院校以工作过程为导向的项目教学，同时也适合机械类工程技术人员自学参考，通过学习可提高机械产品数控加工工艺的编制能力。

图书在版编目（CIP）数据

数控加工工艺制订与实施 / 陈秋霞，赵金凤主编
. -- 北京：中国水利水电出版社，2016.4
技能型人才培养特色名校建设规划教材
ISBN 978-7-5170-4261-7

Ⅰ. ①数… Ⅱ. ①陈… ②赵… Ⅲ. ①数控机床－加
工－高等职业教育－教材 Ⅳ. ①TG659

中国版本图书馆CIP数据核字(2016)第078944号

策划编辑：石永峰　责任编辑：石永峰　加工编辑：高双春　封面设计：李　佳

书　　名	技能型人才培养特色名校建设规划教材 **数控加工工艺制订与实施**
作　　者	主　编　陈秋霞　赵金凤 副主编　刘秀霞　郭　君　王英博　展如新　侯云霞　刘宝君
出版发行	中国水利水电出版社 （北京市海淀区玉渊潭南路1号D座　100038） 网址：www.waterpub.com.cn E-mail: mchannel@263.net（万水） 　　　　sales@waterpub.com.cn 电话：（010）68367658（发行部）、82562819（万水） 北京科水图书销售中心（零售） 电话：（010）88383994、63202643、68545874 全国各地新华书店和相关出版物销售网点
排　　版	北京万水电子信息有限公司
印　　刷	三河市铭浩彩色印装有限公司
规　　格	184mm×260mm　16开本　12.5印张　269千字
版　　次	2016年4月第1版　2016年4月第1次印刷
印　　数	0001—2000册
定　　价	28.00元

前　　言

为落实"课岗证融通，实境化历练"的人才培养模式改革，满足高等职业教育技能型人才培养的要求，更好地适应企业的需要，在山东省技能型人才培养特色名校建设期间，我校组织课程组有关人员和企业中的能工巧匠编写本教材。

本书的编写贯彻了"以学生为主体，以就业为导向，以能力为核心"的理念，以及"实用、够用、好用"的原则。本书参照《机械制造工艺》进行整合，以典型案例为载体组织教材内容。本书具有以下特色：

1．教材以行动为导向，以工学结合人才培养模式改革与实践为基础，按照典型性、对知识和能力的覆盖性、可行性的原则，遵循认知规律与能力形成规律，设计教学载体，梳理理论知识，明确学习内容，使学生在职业情境中实现"学中做、做中学"。

2．打破传统教材按章节划分理论知识的方法，将理论知识按照相应教学载体进行重构，并对知识内容以不同方式进行层面划分，如任务分析、相关资讯、任务实施、拓展知识等。通过任务的完成使学生学有所用、学以致用，与传统的理论灌输有着本质的区别。

3．根据本课程的内容和实际教学情况，我们为该教材编写了配套的工作任务书，根据学生对任务书的完成情况补充、更新教材内容，满足教学需要，提高教学质量，体现教材的灵活性。

随着科学技术的迅速发展，对技能型人才的要求也越来越高。作为培养技能型"双高"人才的高等职业技术学院，原来传统的教学模式及教材已不能完全适应现今的教学要求。本教材根据培养目标的需求，对教材内容进行了适当的调整，补充了一些新知识。注重培养学生具有良好综合素质、实践能力和创新能力，使教材更规范、更实用。本书图文并茂，内容丰富。

本书由陈秋霞、赵金凤任主编，刘秀霞、郭君、王英博、展如新、侯云霞、刘宝君任副主编。德州亚太集团高级工程师刘宝君主审。

由于时间较仓促，编者水平有限，调研不够深入，书中难免有错误和不足，诚恳地希望专家和广大读者批评指正。

编　者
2016 年 1 月

目　　录

项目一　螺纹轴的数控加工工艺制订与实施

螺纹轴是轴类零件中的典型零件之一，常见的有台阶轴、细长轴、偏心轴、复杂轴等。它们的特点是直径方向尺寸较小，而长度方向尺寸较大，加工的部位主要是外表面，我们称这样的零件为轴类零件。如图 1-1 所示为一螺纹轴零件图，毛坯为 $\phi60\times123$mm 的圆钢，生产类型为单件或小批量生产，无热处理工艺要求，试制订加工工艺方案，选择合理的刀具和切削工艺参数，编制数控加工工艺。

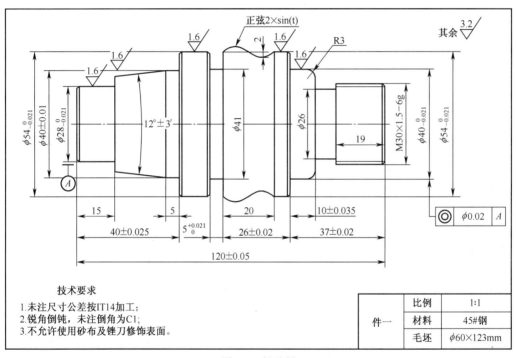

图 1-1　螺纹轴

任务 1　分析螺纹轴的数控加工工艺

一、任务描述

如图 1-1 所示为螺纹轴的零件图，本任务以螺纹轴为例，主要介绍机械加工工艺规程的制订原则、主要依据和步骤。试根据零件图给出的相关信息，正确地分析零件的主要技术要求和结构工艺性。

二、任务资讯

1. 生产过程和工艺过程

（1）生产过程

机械产品制造时，将原材料或半成品转变为成品的全过程，称为生产过程。机械产品的生产过程主要包括：

1）生产技术准备过程。产品投入生产前的各项生产和技术准备工作。如产品的设计和试验研究、工艺设计和专用工装设计与制造等。

2）毛坯的制造过程。如铸造、锻造和冲压等。

3）零件的各种加工过程。如机械加工、焊接、热处理和其他表面处理。

4）产品的装配过程。如部件装配、总装配、调试等。

5）各种生产服务活动。如生产中原材料、半成品和工具的供应、运输、保管以及产品的包装和发运等。

（2）工艺过程

在机械产品的生产过程中，那些与原材料变为成品直接相关的过程，如毛坯制造、机械加工、热处理和装配等，称为工艺过程。

（3）机械加工工艺过程

采用机械加工的方法直接改变生产对象的尺寸、形状和表面质量，使之成为产品零件的过程称为机械加工工艺过程。本节的主要研究对象就是机械加工工艺过程中的有关问题。

2. 机械加工工艺过程的组成

在机械加工工艺过程中，根据被加工对象的结构特点和技术要求，常需要采用各种不同的加工方法和设备，并通过一系列加工步骤，才能将毛坯变成零件。因此，机械加工工艺过程是由一个或几个顺次排列的工序组成的，而工序又可细分为若干工步、安装和进给。

（1）工序

一个（或一组）工人在一台机床（或一个工作地）对一个（或同时对几个）零件所连续完成的那一部分工艺过程，称为工序。工序是组成机械加工工艺过程的基本单元。

区分工序的主要依据是看工作地是否变动和加工过程是否连续。加工中设备是否变化很容易判断，但连续性是指加工过程的连续，而非时间上的连续。例如，螺纹轴加工过程中的车端面和外圆，如果加工中是先加工完一端后马上调头加工另一端，则此加工内容为一个工序；如果把一批工件的一端全部加工完后再加工全部工件的另一端，那么同样这些加工内容，由于对每个工件而言是不连续的，应算作两道工序。

（2）工步与进给

在加工表面、加工工具和切削用量中的转速与进给量都不变的情况下，所连续完成的那部分工序内容称为工步。一个工序可包括一个工步，也可包括几个工步。

构成工步的任一因素（加工表面、切削工具或切削用量）改变后，一般即变为另一工步。有关工步的特殊情况有以下几种：

在一次安装中连续进行的若干相同的工步，为简化工序内容的叙述，通常多看作是一个工步。例如，对于图 1-2 所示零件上 4 个 $\phi15$mm 孔的钻削，可写成一个工步。

为了提高生产率，用几把刀具同时加工几个表面的工步，称为复合工步，如图 1-3 所示。在工艺文件上，复合工步应视为一个工步。

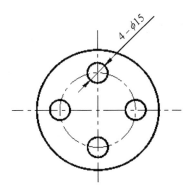

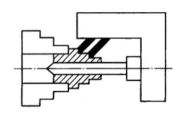

图 1-2　加工四个相同表面的工步　　　　图 1-3　复合工步

在数控机床加工中，往往将用同一把刀加工出不同表面的全部加工内容看作是一个工步。在一个工步中，若被加工表面需切去的金属层很厚，需要几次切削，则每一次切削就叫一次进给。一个工步包括一次或几次进给。

（3）装夹与工位

在工件的加工过程中，为了保证被加工零件的几何参数正确，必须保证加工过程中工件与刀具的相对位置关系正确，为此，工件在加工之前首先应保证其位置正确，找出工件正确位置的过程叫定位。其次，在加工过程中切削力产生后，为保证工件在该力作用下不改变其定位确定的正确位置，应对工件进行固定，该过程叫夹紧。在加工前，在机床或夹具中定位、夹紧工件的过程称为装夹。在一个工序中，工件可能只需要装夹一次，也可能需要装夹几次。工件在一次装夹后，其在机床上占据的每一个加工位置称为一个工位。

3. 生产纲领和生产类型

不同的生产类型，其生产过程和生产组织、车间的机床布置、毛坯的制造方法、采用的工艺装备、加工方法以及工人的熟练程度等都有很大的不同，因此在制定工艺规程时必须明确该产品的生产类型。

（1）生产纲领

根据市场需要和企业的生产能力编制企业在计划期内应当生产的产品产量和进度计划。主要指包括备品和废品在内的产品的年产量。可按需求产品的数量、备品率和废品率，按以下公式计算：

$$N = Qn \times (1 + \alpha\%) \times (1 + \beta\%)$$

式中：N——零件的生产纲领（件/年）；Q——产品的生产纲领（台/年）；n——每台产品所需该零件数量（件/台）；α——备品率；β——废品率。

（2）生产类型

生产类型是企业（或车间、工段、班组、工作地）生产专业化程度的分类。一般分为单件生产、成批生产和大量生产。

1）单件生产。

基本特点是：产品品种繁多，数量少，只做一件或几件，很少重复生产。如新产品试制、重型机器、大型船舶等属于此类型。

2）成批生产。

同一产品（或零件）每批投入生产的数量称为批量。根据批量的大小又可分为大批生产、中批生产和小批生产。

成批生产的基本特点是：生产品种较多，每一种产品均有一定的数量且周期性生产。如通用机床、电数控加工制造等属于此类型。

3）大量生产。

基本特点是：生产的品种少数量多，大多数工作地点长期重复地进行某一道工序的加工。如自行车制造、轴承制造等属于此类型。

（3）生产类型的划分

划分生产类型的参考数据见表 1-1。

表 1-1　划分生产类型的参考数据

生产类型		同类零件的年产量（件）		
		重型零件	中型零件	轻型零件
单件生产		5 以下	10 以下	100 以下
成批生产	小批	5～100	10～200	100～500
	中批	100～300	200～500	500～5000
	大批	300～1000	500～5000	5000～50000
大量生产		1000 以上	5000 以上	50000 以上

为取得好的经济效益，不同生产类型的制造工艺有不同特征，小批生产的生产特点接近于单件生产，中批生产的生产特点介于小批生产和大批生产之间，大批生产的生产特点接近于大量生产。

各种生产类型的工艺特征见表 1-2。

表 1-2　各种生产类型的工艺特点

工艺特点	单件、小批生产	批量生产	大批、大量生产
产品数量	少	中等	大量
加工对象	经常变换	周期性变换	固定不变
毛坯的制造方法及加工余量	铸件用木模手工造型，锻件用自由锻。毛坯精度低，加工余量大	部分铸件用金属模造型，部分锻件用模锻，毛坯精度和加工余量中等	广泛采用金属模机器造型和模锻，以及其他高效率的毛坯制造方法。毛坯精度高，加工余量小
零件互换性	一般配对制造，广泛采用调整和修配法	大部分零件有互换性，少数用钳修配	全部零件有互换性，某些要求精度高的配合，采用分组装配

续表

工艺特点	单件、小批生产	批量生产	大批、大量生产
机床设备及其布置形式	采用通用机床设备，按机床类别采用机群式排列	部分采用通用机床和高效率专用机床；按零件加工分工段排列	广泛采用生产率高的专用机床和自动机床，按流水线形式排列
工艺装备	采用通用夹具、刀具和量具，靠划线和试切法达到设计要求	较多采用专用夹具、专用刀具和专用量具，部分用找正装夹达到设计要求	广泛用高生产率的工艺装备，用调整法达到精度要求
对技术工人要求	需要技术水平高的工人	需要一定熟练程度的技术工人	调整工技术要求高，机床操作工要求技术熟练程度低
对工艺文件的要求	只编制简单的工艺过程卡	有详细的工艺过程卡，零件的关键工序有详细的工序卡	详细编制工艺过程卡和工序卡
生产率	低	一般	高
成本	高	一般	低

例如，前述工件加工实例中工件为轻型零件，生产数量为 20 件，应属于单件生产。

4. 机械加工工艺规程

机械加工工艺规程是规定零件制造工艺过程和操作方法的技术文件。

（1）工艺规程的作用

工艺规程是指导生产的主要技术文件。工艺规程的制订首先要确保其科学性与合理性，并在生产实践中不断改进和完善，而在生产中，则必须严格地执行既定的工艺规程，这是产品质量、生产效率和经济效益的保障。

工艺规程是生产组织和管理工作的基本依据。产品投产前原材料及毛坯的供应、通用工艺装备的准备、机床负荷的调整、专用工艺装备的设计与制造、作业计划的编排、劳动力的组织以及生产成本的核算等，都是以工艺规程为依据的。工艺规程是工厂基础建设的基本资料。

（2）工艺规程的类型和格式

在机械制造的工厂里，常用的工艺文件的类型有机械加工工艺过程卡片和机械加工工序卡片。

1）机械加工工艺过程卡片　机械加工工艺过程卡片是以工序为单位，说明零件整个机械加工过程的一种工艺文件。在这种卡片中，由于各工序的说明不够具体，故一般不能直接指导工人操作，而多作为生产管理方面使用。但在单件和小批生产中，通常不编制其他较详细的工艺文件，而用该卡片指导零件加工。

2）机械加工工序卡片　机械加工工序卡片是用来具体指导工人进行操作的一种工艺文件，多用于大批量生产中的重要零件。工序卡片中详细记载了该工序加工所必需的工艺资料，如定位基准的选择、工件的装夹方法、工序尺寸、公差以及机床、刀具、量具、切削用量的选择和工时定额的确定等，其格式见表 1-3。

表 1-3 机械加工工序卡片

产品名称			零件图号				毛坯		件数		
工序号	工序内容	工艺装备	车间	刀具	切削用量					工时	
					主轴转速/ (r/min)	进给量/ (mm/r)	背吃刀量/ (mm)	进给 次数		机动	辅助
编制			审核		批准						

（3）制定工艺规程的步骤

1）分析研究零件图样，了解该零件在产品或部件中的作用，找出其要求较高的主要表面及主要技术要求，并了解各项技术要求制定的依据，审查其结构工艺性。

2）选择和确定毛坯。

3）拟订工艺路线。

4）详细拟订工序具体内容。

5）对工艺方案进行技术经济分析。

6）填写工艺文件。

另外，在制订数控加工工艺规程时，制订的方法、原则与制订一般机械加工工艺规程是非常相似的，但在制订时的具体操作上有一些区别，最后的工艺文件也有所不同。数控工艺规程的格式除了上述的工艺过程卡片和工序卡片外，还需要有一份数控加工刀具卡片，其格式见表 1-4，该表为数控车床用加工刀具卡片，数控铣床和加工中心的刀具卡片形式与之略有差别。

5. 零件的结构工艺性分析

明确被加工零件的结构特点和技术要求特点是合理制订零件机械加工工艺规程的前提，因此在着手制订零件的机械加工工艺规程之前，先对零件进行工艺分析有着重要意义。

表 1-4　数控加工刀具卡片

产品名称或代号：			零件名称：			零件图号：	
序号	刀具号	刀具规格及名称	材质	数量	加工表面		备注
编制：			审核：				

（1）零件的结构及其工艺性分析

在制订零件的工艺规程时，必须首先对零件进行工艺分析。对零件进行工艺分析主要要注意以下问题：

1）零件组成表面的形式。

各种零件都是由一些基本表面和特形表面组成的。基本表面有内、外圆柱表面，圆锥面和平面等，特形表面有螺旋面、渐开线齿形面和一些成形面等。因为表面形状是选择加工方法的基本依据，因此认清零件的组成表面是正确确定各表面的加工方法的基础。

2）构成零件的各表面的组合关系。

同种类型的表面的不同组合决定了零件结构上的不同特点。例如以内、外圆为主要表面，既可组成盘、环类零件，也可组成套类零件。对于套类零件，既可以是一般的轴套，也可以是形状复杂或刚性很差的薄壁套。显然，上述不同零件在选用加工工艺方案时存在很大差异。

3）零件的结构工艺性。

零件的结构工艺性是指零件的结构在保证使用要求的前提下，是否能以较高的生产率和最低的成本方便地制造出来的特性。功能作用完全相同而在结构上却不相同的两个零件，它们的加工方法和制造成本往往差别很大。

（2）零件的技术要求分析

零件的技术要求分析包括下列几个方面：

1）加工表面的尺寸精度；

2）主要加工表面的形状精度；

3）主要表面之间的相互位置精度；

4）各加工表面的粗糙度以及表面质量方面的其他要求；

5）热处理要求及其他要求（如动平衡等）。

三、任务分析

如图 1-1 所示的螺纹轴，该轴生产纲领为 2000 件/年，材料为 45 号钢。在制订机械工艺规程时，如选择不同的加工方案，产品质量、生产效率、加工成本就会有所区别，因此，为了合理安排生产，保证加工产品的高质量、高效率、低成本，就需要制订合理的数控加工工艺。

在制订数控加工工艺规程前，首先对图 1-1 所示螺纹轴进行工艺分析。零件的工艺分析主要从加工制造的角度对零件进行可行性分析，通常包括零件的技术要求分析和零件的结构工艺分析两个方面。

四、任务实施

（一）任务准备

（1）准备《数控加工工艺制订与实施》相关教学资料，包括教材、教参、工作任务书等。

（2）准备教学用辅具、典型轴类零件。

（3）准备生产资料，包括机床设备、工艺装备等。

（4）安全文明教育。

（二）任务实施

1. 螺纹轴的技术要求分析

（1）尺寸精度

该轴类零件的尺寸精度主要指轴的直径尺寸精度。有五处精度外圆，其尺寸公差为 0.021mm，相当于 IT7 级精度，其余部位精度都低于该公差要求。

（2）位置精度

该轴的主要位置精度要求为右端 $\phi40$mm 直径轴线相对基准的同轴度为 $\phi0.02$mm。

（3）表面粗糙度

五处精度外圆的表面质量要求为 Ra1.6μm，其余为 Ra3.2μm。

2. 螺纹轴的结构工艺性分析

（1）螺纹轴组成表面的形式

该零件基本表面有外圆柱表面、圆锥面、正弦曲面、槽、螺纹等，其中正弦曲面需要用宏程序或自动编程，加工难度较大。因为表面形状是选择加工方法的基本依据，因此认清零件的组成表面是正确确定各表面的加工方法的基础。

（2）构成零件的各表面的组合关系

该零件结构合理，属于轴类零件，直径尺寸变化不大，刚性好。

3. 加工工序的安排

先粗加工各外圆尺寸，在精加工各外圆尺寸，再加工槽，最后加工螺纹。外圆表面的加工顺序为粗加工先加工大直径外圆，然后加工小直径外圆，以免一开始就降低工件的刚度，精加工是从小直径圆到大直径圆顺序加工。

五、检查评估

螺纹轴工艺分析评分标准见表 1-5。

表 1-5 螺纹轴工艺分析的评分标准

姓名		零件名称	螺纹轴		总得分		
项目	序号	检查内容		配分	评分标准	检测记录	得分
工艺分析	1	尺寸精度		20	不正确每处扣 5 分		
	2	位置精度		20	不正确每处扣 5 分		
	3	表面粗糙度		20	不正确每处扣 5 分		
	4	零件结构		10	不正确每处扣 5 分		
	5	加工工序安排		10	不合理每处扣 1 分		
表现	6	团队协作		10	违反操作规程全扣		
	7	考勤		10	不合格全扣		

六、知识拓展

齿轮轴

加工如图 1-4 所示齿轮轴，该齿轮轴材料为 30CrMnTi。生产纲领为 2000 件/年，分析齿轮轴的加工工艺。

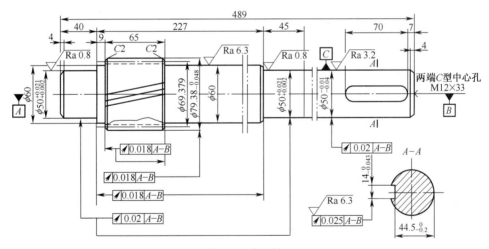

图 1-4　齿轮轴

（一）轴的技术要求分析

1. 尺寸精度和形状精度

该轴类零件的尺寸精度主要指轴的直径尺寸精度。轴上支承轴颈和配合轴颈（装配传动件的轴颈）的尺寸精度最高处为两处 $\phi50$mm 轴颈处，其尺寸公差为 0.019mm，相当于 IT6 级精度，其余部位精度都低于该公差要求，其形状精度方面无特殊要求。

2. 位置精度

该轴的主要位置精度要求为两处 $\phi50$mm 轴颈处相对于两顶尖公共中心线的跳动公差为

0.02mm，另外四处端面相对于两顶尖公共中心线的跳动公差为 0.018mm。

3. 表面粗糙度

轴上的表面以支承轴颈的表面质量要求最高，该轴类零件表面粗糙度要求最高处为 Ra0.8μm。

（二）齿轮轴加工工艺分析

1. 热处理工序的安排

在轴加工的整个工艺过程中，应安排足够的热处理工序，以保证齿轮轴力学性能及加工精度要求，并改善工件加工性能。

一般在轴毛坯锻造后首先安排正火处理，以消除锻造内应力，细化晶粒，改善机加工时的切削性能。

在粗加工后安排调质处理。在粗加工阶段，经过粗车、钻孔等工序，齿轮轴的大部分加工余量被切除。粗加工过程中切削力和发热都很大，在力和热的作用下，轴产生很大内应力，通过调质处理可消除内应力，代替时效处理，同时可以得到所要求的韧性。

半精加工后，除重要表面外，其他表面均已达到设计尺寸。重要表面仅剩精加工余量，这时齿部等安排局部淬火处理，使之达到设计的硬度要求，保证这些表面的耐磨性。而后续的精加工工序可以消除淬火的变形。

2. 加工顺序的安排

机加工顺序的安排依据"基面先行，先粗后精，先主后次"的原则进行。对齿轮轴零件一般是准备好中心孔后，先加工外圆，再加工其他部分，并注意粗、精加工分开进行。在齿轮轴加工工艺中，以热处理为标志，调质处理前为粗加工，淬火处理前为半精加工，淬火后为精加工。这样把各阶段分开后，保证了主要表面的精加工最后进行，不致因其他表面加工时的应力影响主要表面的精度。

在安排齿轮轴工序的次序时，还应注意以下几点：

（1）该轴的齿形粗加工应安排在齿轮轴各外圆完成半精加工之后，因为作为齿轮轴来讲，齿形加工是该零件加工中工作量比较大、加工难度也比较大的加工内容，其加工位置适当放后一些，可提高定位基准的定位精度，而齿形精加工应安排在该零件各外圆等表面全部加工好后进行，通过齿形精加工消除齿形局部淬火产生的热处理变形。

（2）外圆表面的加工顺序应先加工大直径外圆，然后加工小直径外圆，以免一开始就降低工件的刚度。

（3）齿轮轴上的键槽等次要表面的加工一般应安排在外圆精车或粗磨之后、精磨外圆之前进行。因为如果在精车前就铣出键槽，一方面，在精车时，由于断续切削而产生振动，既影响加工质量又容易损坏刀具；另一方面，键槽的尺寸要求也难以保证。这些表面加工也不宜安排在主要表面精磨后进行，以免破坏主要表面的精度。

七、思考与练习

（一）填空题

1. 机械产品制造时，将原材料或半成品转变为成品的全过程，称为_____。

2. 在机械产品的生产过程中，那些与原材料变为成品直接相关的过程，如毛坯制造、机械加工、热处理和装配等，称为_____。

3. _____是企业（或车间、工段、班组、工作地）生产专业化程度的分类。

4. _____是指导生产的主要技术文件。

5. 一般在轴毛坯锻造后首先安排_____处理，以消除锻造内应力，细化晶粒，改善机加工时的切削性能。

（二）选择题

1. 在加工表面、加工工具和切削用量中的转速与进给量都不变的情况下，连续完成的那部分工序内容称为（　　）。

　　A．工步　　　　　　B．工序　　　　　　C．工位

2. 一个（或一组）工人在一台机床（或一个工作地）对一个（或同时对几个）零件所连续完成的那一部分工艺过程，称为（　　）。

　　A．工步　　　　　　B．工序　　　　　　C．工位

3. 工件在一次装夹后，其在机床上占据的每一个加工位置称为一个（　　）。

　　A．工步　　　　　　B．工序　　　　　　C．工位

4. 齿轮轴在粗加工后安排（　　）。

　　A．退火　　　　　B．时效处理　　　　C．正火　　　　　　D．调质处理

5. 外圆表面加工顺序应为先加工（　　）直径外圆，然后再加工（　　）直径外圆，以免一开始就降低了工件的刚度。

　　A．大、小　　　　　B．小、大

（三）简答题

1. 零件的技术要求分析包括哪几个方面？

2. 制定工艺规程的步骤是什么？

（四）分析题

如图 1-5 所示为一台阶轴零件图，毛坯为 $\phi50\times105\text{mm}$ 的圆钢，生产类型为单件或小批量生产，无热处理工艺要求，试分析数控加工工艺。

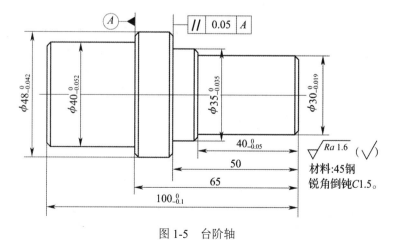

图 1-5　台阶轴

任务 2 选择螺纹轴的毛坯、机床与刀具

一、任务描述

如图 1-1 所示为螺纹轴的零件图,试根据零件结构与技术要求,确定零件毛坯,合理选择数控机床与刀具。

二、任务资讯

(一)零件毛坯

1. 机械加工中常见的毛坯

(1)铸件 形状复杂的毛坯,本节零件宜采用该类毛坯。目前生产中的铸件大多采用砂型铸造,少数尺寸小的优质铸件可采用特种铸造。

(2)锻件 锻件有自由锻造锻件和模锻件两种。

自由锻造锻件,是在各种锻锤压力机上由手工操作而成形的锻件。这种锻件的精度低,加工余量大,生产率不高,工件结构简单,但锻造时不需要专用模具,适用于单件和小批生产以及大型锻件生产。

模锻件是用一套专用的锻模,在吨位较大的锻锤或压力机上锻出的锻件。这种锻件的精度、表面质量比自由锻造好,锻件的形状也可复杂一些,加工余量较小。模锻件的材料组织分布比较有利,因而机械强度较高。模锻的生产率也高,适用于产量较大的中小型锻件。

(3)型材 型材有热轧和冷拔两类,热轧型材尺寸较大,精度较低,多用于一般零件的毛坯;冷拔型材尺寸较小,精度较高,多用于制造毛坯精度要求较高的中小型零件,适用于自动机加工。

(4)焊接件 对于大件来说,焊接件简单方便,特别是单件小批生产可以大大缩短生产周期,但焊接件的变形较大,需要经过时效处理后才能进行机械加工。

2. 毛坯选择应考虑的因素

在进行毛坯选择时,应考虑下列因素:

(1)零件材料的工艺性(如可铸性和可塑性)及零件对材料组织和性能的要求

例如,零件材料为铸铁和青铜时,应选择铸件毛坯;对于钢质零件,还要考虑力学性能要求;对于一些重要零件,为保证良好的力学性能,一般需选择锻件毛坯,而不能选择型材。

(2)零件的结构形状与外形尺寸

形状复杂的毛坯一般采用铸造方法制造,薄壁零件不应用砂型铸造。例如常见的各种阶梯轴,如各台阶直径相差不大,可直接选择型材(圆棒料);如各台阶直径相差较大,为减少材料消耗和机械加工劳动量,则宜选择锻件毛坯。至于一些非旋转体的板条形钢质零件,一般则多用锻件毛坯。零件外形尺寸对毛坯选择也有较大的影响。对于尺寸较大的零件,多选择砂型铸造或自由锻造毛坯;中小型零件,则可选择模锻及各种特种铸造的毛坯。

（3）生产纲领

当零件的生产纲领较大时，应选择精度和生产率都较高的毛坯制造方法；零件的产量较小时，应选择精度和生产率均较低的毛坯制造方法。

（4）现有生产条件

选择毛坯时，还要考虑现场毛坯制造的实际工艺水平、设备状况以及对外协作的可能性。

3. 毛坯的形状和尺寸的确定

现代机械制造的发展趋势之一是通过毛坯精化，使毛坯的形状和尺寸尽量与零件接近，减少机械加工的劳动量，力求实现少、无切屑加工。但是，由于现有毛坯制造工艺和技术的限制，加之产品零件的精度和表面质量的要求越来越高，所以毛坯上某些表面仍须留有一定的加工余量，以便通过机械加工来达到零件的质量要求。毛坯尺寸和零件尺寸的差值称为毛坯加工余量，毛坯尺寸的公差称为毛坯公差。毛坯加工余量和公差与毛坯的制造方法有关，生产中可参照有关工艺手册或标准确定。

毛坯加工余量确定后，除了将毛坯加工余量附加在工件相应的加工面上之外，还要考虑毛坯制造、机械加工以及热处理等许多工艺因素的影响。在确定毛坯形状和尺寸时应注意以下问题：

（1）为了加工时工件装夹方便，有些铸件毛坯需要铸出便于装夹的夹头，夹头在零件加工后再予以切除。

（2）在机械加工中，有时会遇到像车床走刀系统中的开合螺母外壳（图1-6）等零件。为了保证这些零件的加工质量和加工方便，常将这些零件先做成一个整体毛坯，加工到一定阶段后再切割分离。

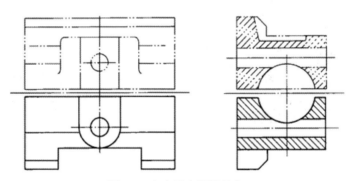

图1-6　车床开合螺母外壳

（3）为了提高生产效率和在加工中便于装夹，对于一些垫圈类零件，应将多件合成一个毛坯，如图1-7所示。

（二）数控车床

1. 数控车床的种类

数控车床是数字程序控制车床的简称，它集通用性好的万能型车床、加工精度高的精密型车床和加工效率高的专用型普通车床的特点于一身，是国内使用量最大、覆盖面最广的一种数控机床，占数控机床总数的25%左右。

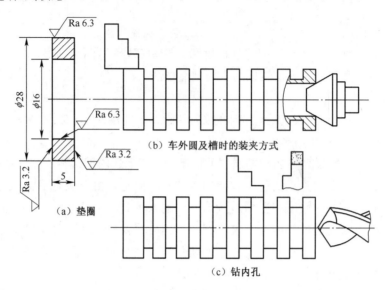

（a）垫圈

（b）车外圆及槽时的装夹方式

（c）钻内孔

图 1-7 垫圈的整体毛坯及加工

数控车床的分类方法较多，但通常都以与普通车床相似的方法进行分类。主要按车床主轴位置分类：

（1）立式数控车床（图 1-8）。立式数控车床简称为数控立车，其车床主轴垂直于水平面，并有一个直径很大的圆形工作台，供装夹工件用。这类车床主要用于加工径向尺寸大、轴向尺寸相对较小的大型复杂零件。

（2）卧式数控车床（图 1-9）。卧式数控车床又分为数控水平导轨卧式车床和数控倾斜导轨卧式车床。其倾斜导轨结构可以使车床具有更大的刚性，并易于排除切屑。

图 1-8 立式数控车床

图 1-9 卧式数控车床

2. 数控车削加工的对象

（1）轮廓形状特别复杂或难于控制尺寸的回转体零件

因车床数控装置都具有直线和圆弧插补功能，还有部分车床数控装置具有某些非圆曲线插补功能，故能车削由任意平面曲线轮廓所组成的回转体零件，包括通过拟合计算处理后的、不能用方程描述的列表曲线类零件，难于控制尺寸的零件（如具有封闭内成形面的壳体零件以及图 1-10 所示"口小肚大"的特形内表面零件）。

（2）精度要求高的零件

零件的精度要求主要指尺寸、形状、位置和表面等精度要求，其中的表面精度主要指表面粗糙度。例如，尺寸精度高（达 0.001mm 或更小）的零件；圆柱度要求高的圆柱体零件；素线直线度、圆度和倾斜度均要求高的圆锥体零件；线轮廓度要求高的零件（其轮廓形状精度可超过用数控线切割加工的样板精度）；在特种精密数控车床上，还可加工出几何轮廓精度极高（达 0.001mm）、表面粗糙度值极小（Ra 达 0.02 μm）的超精零件，以及通过恒线速度切削功能，加工表面精度要求高的各种变径表面类零件等。

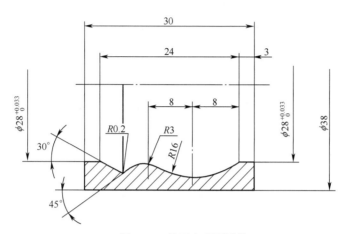

图 1-10　特形内表面零件

（3）特殊的螺旋零件

这些螺旋零件是指特大螺距（或导程）、变（增/减）螺旋、等螺距与变螺距或圆柱与圆锥螺旋面之间作平滑过渡的螺旋零件，以及高精度的模数螺旋零件（如圆柱、圆弧蜗杆）和端面盘形螺旋零件等。

（三）数控车削常用刀具

刀具的选择是数控加工工艺设计中的重要内容之一。刀具选择合理与否不仅影响机床的加工效率，而且还直接影响加工质量。选择刀具通常要考虑机床的加工能力、工序内容、工件材料等因素。

与传统的车削方法相比，数控车削对刀具的要求更高，不仅要求精度高、刚度好、耐用度高，而且要求尺寸稳定、安装调整方便。这就要求采用新型优质材料制造数控加工刀具，并优选刀具参数。

由于工件材料、生产批量、加工精度以及机床类型、工艺方案的不同，车刀的种类也异常繁多。

1. 根据车刀切削刃分类

根据车刀切削刃的不同，数控车削常用的车刀一般分为三类，即尖形车刀、圆弧形车刀和成形车刀。

（1）尖形车刀

以直线形切削刃为特征的车刀一般称为尖形车刀。这类车刀的刀尖（同时也为其刀位点）由直线形的主、副切削刃构成，如 90° 内、外圆车刀，左、右端面车刀，切槽（断）车刀及刀尖倒棱很小的各种外圆和内孔车刀。用这类车刀加工零件时，其零件的轮廓形状主要由一个独立的刀尖或一条直线形主切削刃产生位移后得到，它与另两类车刀加工时所得到零件轮廓形状的原理是截然不同的。

（2）圆弧形车刀

如图 1-11 所示，圆弧形车刀是较为特殊的数控加工用车刀。其特征是构成主切削刃的刀刃形状为一圆度误差或轮廓误差很小的圆弧；该圆弧上的每一点都是圆弧形车刀的刀尖，因此，刀位点不在圆弧上，而在该圆弧的圆心上。车刀圆弧半径理论上与被加工零件的形状无关，可按需要灵活确定或经测定后确认。当某些尖形车刀或成形车刀（如螺纹车刀）的刀尖具有一定的圆弧形状时，也可作为这类车刀使用。圆弧形车刀可以用于车削内、外表面，特别适宜于车削各种光滑连接（凹形）的成形面。

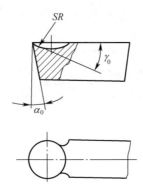

图 1-11　圆弧形车刀

（3）成形车刀

成形车刀俗称样板车刀，其加工零件的轮廓形状完全由车刀刀刃的形状和尺寸决定。数控车削加工中，常见的成形车刀有小半径圆弧车刀、非矩形车槽刀和螺纹车刀等。在数控加工中，应尽量少用或不用成形车刀，当确有必要选用时，则应在工艺文件或加工程序单上进行详细说明。

2. 根据与刀体的连接固定方式分类

根据与刀体的连接固定方式的不同，车刀主要可分为焊接式、机夹式和可转位式三大类。

焊接式车刀将硬质合金刀片用焊接的方法固定在刀体上称为焊接式车刀。这种车刀的优点是结构简单，制造方便，刚性较好。缺点是由于存在焊接应力，使刀具材料的使用性能受到影响，甚至会出现裂纹。另外，刀杆不能重复使用，硬质合金刀片不能充分回收利用，造成刀具材料的浪费。

可转位车刀避免了焊接车刀的缺点，有利于新型车刀材料的发展，在数控车床中应用广泛。

（1）可转位车刀的概念及组成

1）可转位车刀的概念。

可转位车刀就是把压制有合理的几何参数，能保证（在一定的切削用量范围内）卷屑、断屑，并有几个刀刃的刀片，用机械夹固的方法，装夹在标准的刀杆（或刀体）上。使用时不需要刃磨（或只需稍加修磨），一个刀刃用钝后，只需把夹紧机构松开，把刀片转过一个角度，即可用另一个新的刀刃进行切削。待多角形刀片的各刀刃均已磨钝后，换上新的刀片又可继续使用。

2）可转位车刀的组成。

可转位车刀由刀杆 1、夹紧元件 4、刀片 2 及刀垫 3 组成（图 1-12）。刀片的材料主要有高速钢、硬质合金、涂层硬质合金、陶瓷、立方氮化硼和金刚石等。

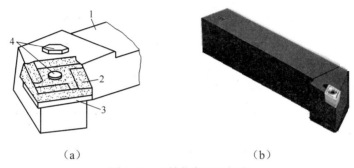

（a）　　　　　　　　　　　（b）

图 1-12　可转位车刀及组成

其中应用最多的是硬质合金和涂层硬质合金刀片。选择刀片材料，主要依据为被加工工件的材料、被加工表面的精度要求、切削载荷的大小以及切削过程中有无冲击和振动等。

（2）可转位车刀的优点

1）生产效率高。

刀片有合理几何参数，可用较高切削用量，且能使排屑顺利；刀片转位迅速，更换方便；因此能提高切削效率，又能减轻工人劳动强度。

2）节省刀杆材料，降低刀具成本。

由于省去了刃磨工作及砂轮的消耗，刀杆又可长期使用，所以刀具费用降低。

3）有利于刀具的标准化和集中生产，可充分保证刀具的制造质量。

随着可转位刀具标准化工作的完善，可大大减少刀具储备量，可以在一把刀杆上配备多种牌号的硬质合金刀片，简化了刀具管理。

4）有利于新材料、新技术的研制、推广和应用。

刀具减少了焊接环节，避免了焊接引起的缺陷，为新型硬质合金的研制、开发和应用创造了条件，涂层刀片也得到了广泛应用。

5）刀具耐用度高。

由于刀片未经焊接，可避免热应力，提高了刀具耐磨性和抗破损能力。

（3）可转位车刀刀片简介

刀片形状、代号及其选择，根据 GB2076－87 规定，可转位车刀刀片的型号由代表一定意义的字母和数字代号按一定顺序位置排列组成，共有 10 个号位，表示了刀片的形状、尺寸、精度、结构特点、刀片厚度等，见表 1-6 和表 1-7。

1）刀片形状　可转位刀片形状最常用的是正三边形和四边形，根据不同的使用要求来选用不同形状的刀片，见表 1-7。

表 1-6　可转位刀片型号标注

号位	1	2	3	4	5	6	7	8	9	10
号位含义	刀片形状	法后角	刀片精度	刀片类型	刀片边长	刀片厚度	刀尖圆弧半径	刀刃截面形状	切削方向	断屑槽形式与宽度
实例	T	N	U	M	16	06	08	E	R	A4
实例说明	三角形	0°	普通级	单面断屑槽及有中心固定孔	16mm	6mm	0.8mm	倒圆形	左切方向	A 型断屑槽，槽宽4mm

表 1-7　常用刀片形状的选用

刀片形状	特点	应用场合
正三边形 T	刀尖角小，强度差，耐用度低	可用于 60°、90°、93°外圆、端面及内孔车刀，适用于较小的切削用量
正四边形 S	刀尖角为 90°，强度及耐用度介于三边形与五边形之间	可进行外圆、端面加工及车孔和倒角
正五边形 P	刀尖角为 108°，强度及耐用度好	用于加工系统刚性较好，且不能同时兼作外圆车刀与端面车刀
带副偏角三角边 F、凸三边形 W	刀尖角都为 80°，刀尖强度、耐用度均比三边形好	用于 90°外圆、端面、内孔车刀，工艺系统刚性差者不宜采用
棱形刀片 V、D	刀尖角小，强度差，耐用度低	适用于仿形车床和数控车床刀具
圆形刀片 R	强度及耐用度好	可用于车曲面、成形面或精车刀具

2）刀片法后角　法后角共有 10 种型号，其中 N 型刀片后角为 0°是最常用的，刀具后角靠刀片安装在刀杆上倾斜形成。若使用平装刀片结构，则需按后角要求选择相应刀片。N 型法后角一般用于粗、半精车；B、C、P 型法后角一般用于半精、精车仿形及加工内孔。

3）偏差等级　刀片尺寸偏差等级共有 12 个精度等级，通常用于具有修光刃的可转位刀片，允许偏差取决于刀片尺寸的大小，每种刀片的尺寸允许偏差应按其相应的尺寸标准进行表示。普通车床粗、半精加工刀片精度用 U 级，对刀尖位置要求较高的或数控机床用 M 级，更高级的用 G 级。

4）类型　类型用一位字母表示刀片有无断屑槽和中心固定孔，共有 15 种，见表 1-8。带孔刀片一般用孔来夹紧，无孔刀片则采用上压式夹紧。

表 1-8　可转位刀片的类型

代号	固定方式	断屑槽	代号	固定方式	断屑槽	代号	固定方式	断屑槽
N		无	A		无	B	单面 70°~90°沉孔	无
R	无固定孔	单面有	M	圆形孔	单面有	H		单面有
F		双面有	G		双面有	C	双面 70°~90°沉孔	无
W	单面 40°~60°沉孔	无	Q	双面 40°~60°沉孔	无	J		双面有
T		单面有	U		双面有	X	其他，需图形并附加说明	

5）刀片边长　选取舍去小数部分的刀片切削刃长度值作代号。若舍去小数部分后，只剩下一位数字，则必须在数字前加"0"。如切削刃长度分别为 16.5mm、9.525mm，则数字代号分别为 16 和 09。

6）刀片厚度　刀片厚度用两位数字表示，选取舍去小数部分的刀片厚度值作代号。若舍去小数部分后，只剩下一位数字，则必须在数字前加"0"。而当刀片厚度的整数值相同，而小数部分不同，则将小数部分大的刀片的代号用"T"代替"0"，以示区别。如刀片厚度分别为 3.18mm 和 3.97mm 时，前者代号为 03，后者代号为 T3。

7）刀尖圆角半径　刀尖转角形状或刀尖圆角半径的代号。若刀夹转角为圆角，则用省去小数点的圆角半径毫米数表示，如刀片圆角半径为 0.8mm，代号 08，刀片圆角半径为 1.2mm，代号为 12，当刀片转角为夹角时，代号为 00。刀尖圆弧半径的大小直接影响刀尖的强度及被加工零件的表面粗糙度。刀尖圆弧半径大，会使表面粗糙度值增大，切削力增大且易产生振动，切削性能变坏，但刀刃强度增加，刀具前后刀面磨损减少。通常在切深较小的精加工、细长轴加工、机床刚度较差情况下，选用刀尖圆弧较小些的刀具；而在需要刀刃强度高、工件直径大的粗加工中，选用刀尖圆弧大些的刀具。国家标准 GB2077－87 规定，刀尖圆弧半径的尺寸系列为 0.2mm、0.4mm、0.8mm、1.2mm、1.6mm、2.0mm、2.4mm、3.2mm。刀尖圆弧半径一般适宜选取进给量的 2～3 倍。

8）切削刃截面形状　用一字母表示刀片的切削刃截面形状，F 代表尖锐刀刃，E 代表倒圆刀刃，T 代表倒棱刀刃，S 代表既倒棱又倒圆刀刃。

9）切削方向　R 表示供右切的外圆刀，L 表示供左切的外圆刀或右切的车孔刀。N 表示左右均有切削刃，既能左切又能右切。

10）断屑槽型与槽宽　用舍去小数位部分的槽宽毫米数表示刀片断屑槽宽度的数字代号。例如，槽宽为 0.8mm，代号为 0；槽宽为 3.5mm，代号为 3。当刀片有左、右切之分时，左切刀在型号的第九号位加代号 L，右切刀在型号的第九号位加代号 R。

三、任务分析

该零件为轴类零件，材料为 45 号钢，轴类零件最常用的毛坯是锻件与圆棒料，大型轴或结构复杂的轴采用铸件。锻件的优点是材料经过加热锻造后，可使金属内部纤维组织沿表面均匀分布，获得较高的抗拉、抗弯及抗扭强度，因此受力载荷较大，比较重要的轴类毛坯常采用锻件，该轴属于一般零件，选择圆钢就可以了。然后，根据零件结构选择数控车床与刀具。

四、任务实施

（一）任务准备

（1）准备《数控加工工艺制订与实施》相关教学资料，包括教材、教参、工作任务书等。

（2）准备教学用辅具、典型轴类零件。

（3）准备生产资料，包括机床设备、工艺装备等。

（4）安全文明教育。

（二）任务实施

1. 选择毛坯

零件尺寸变化小，性能要求一般，毛坯选择圆钢。

2. 选择螺纹轴的机床

该零件基本表面有外圆柱表面、圆锥面、正弦曲面、槽、螺纹等，其中正弦曲面需要用宏程序或自动编程，用普通车床无法实现，所以选择数控车床。

3. 选择螺纹轴的加工刀具

该零件因结构较复杂，工件材料45号钢，尺寸精度较高，选择可转位90°外圆车刀、车槽刀、三角螺纹车刀，材料为YT15。编制刀具卡片，见表1-9。

表1-9　数控加工刀具卡片

产品名称或代号：			零件名称：螺纹轴			零件图号：	
序号	刀具号	刀具规格及名称	材质	数量	加工表面		备注
1	T01	90°外圆车刀	YT15	1	粗车外圆、端面及倒角等		R0.2
2	T02	车槽刀	YT15	1	车退刀槽		
3	T03	60°螺纹车刀	YT15	1	M20×1.5		
4	T04	$\phi3$中心钻	高速钢	1	中心孔		
5	T04	30°外圆车刀	YT15	1	精车外圆、正弦曲线		
编制：			审核：				

五、检查评估

螺纹轴的毛坯、刀具、机床选择评分标准见表1-10。

表1-10　螺纹轴毛坯、机床、刀具选择的评分标准

姓名			零件名称	螺纹轴	总得分		
项目	序号		检查内容	配分	评分标准	检测记录	得分
毛坯	1		毛坯	20	不正确每处扣10分		
机床	2		机床	30	不正确每处扣10分		
刀具	3		刀具	30	不正确每处扣10分		
表现	4		团队协作	10	违反操作规程全扣		
	5		考勤	10	不合格全扣		

六、知识拓展

齿轮轴：加工如图1-13所示齿轮轴，该齿轮轴材料为30CrMnTi。生产纲领为2000件/年，选择齿轮轴的毛坯、机床、刀具。

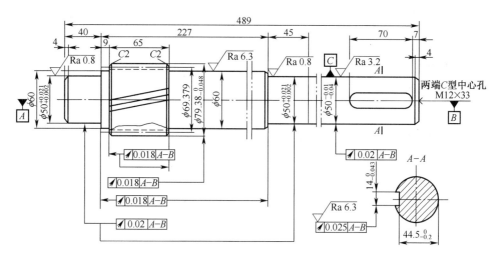

图 1-13 齿轮轴

根据齿轮轴的结构，搜集资料，选择选择毛坯、机床、加工刀具。

七、思考与练习

（一）填空题

1. 型材有热轧和冷拔两类，_____型材尺寸较小，精度较高，多用于制造毛坯精度要求较高的中小型零件，适用于自动机加工。

2. 各阶直径相差较大，为减少材料消耗和机械加工劳动量，则宜选择_____毛坯。

3. 根据车刀切削刃的不同，数控车削常用的车刀一般分为_____、_____、_____三类。

4. 根据与刀体的连接固定方式的不同，车刀主要可分为_____、_____、_____三大类。

5. 数控车削加工的对象有_____、_____、_____。

（二）选择题

1. 形状复杂的零件毛坯一般选用（   ）。

　　A. 铸件　　　　　　B. 锻件　　　　　　C. 棒料　　　　　　D. 型材

2. 机械加工选择刀具时一般应优先采用（   ）。

　　A. 标准刀具　　　B. 专用刀具　　　C. 复合刀具　　　D. 都可以

3. 采用数控机床加工的零件应该是（   ）。

　　A. 单一零件　　　　　　　　　　　B. 中小批量、形状复杂、型号多变

　　C. 大批量

4. 确定毛坯要考虑机械加工的最佳效果，毛坯制造不需要考虑的因素是（   ）。

　　A. 生产纲领　　　　　　　　　　　B. 材料的工艺性

　　C. 零件的结构形状和尺寸　　　　　D. 机床

5. 单件小批量生产一般选用（   ）。

　　A．铸件　　　　　　B．锻件　　　　　　C．焊接件　　　　　　D．型材

（三）简答题

1．毛坯的类型有哪些？

2．数控车床有哪几种？使用场合分别是什么？

3．如何选择可转位车刀的刀片形状？

（四）分析题

如图 1-14 所示零件，试选择该零件的毛坯、机床、刀具，并说明选择依据。

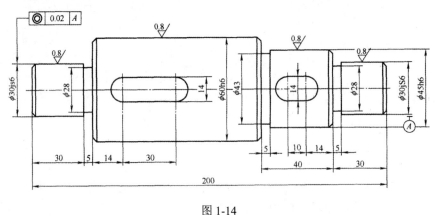

图 1-14

任务 3　选择螺纹轴的基准

一、任务描述

如图 1-1 所示螺纹轴，该零件的结构尺寸较复杂，依据零件的加工精度要求，为该零件的数控加工选择基准，保证加工精度。

二、任务资讯

（一）基准的分类

1．基准

工件是一个几何体，它是由一些几何元素（点、线、面）构成的。其上任何一个点、线、面的位置总是用它与另一些点、线、面的相互关系（距离尺寸、平行度、同轴度）来确定的。用来确定生产对象（工件）上几何要素间的几何关系所依据的那些点、线、面叫做基准。根据基准的作用不同，可分为两类，即设计基准和工艺基准。

2．基准的分类

（1）设计基准

在设计图样上所采用的基准称为设计基准。如图 1-15 所示的轴套零件，外圆的设计基

准是它们的中心线；端面 A 是端面 B、C 的设计基准；内孔 D 的轴线是 $\phi25h6$ 外圆径向跳动的设计基准。

对于某一位置要求（包括两个表面之间的尺寸或者位置精度）而言，在没有特殊指明的情况下，它所指的两个表面之间常是互为设计基准的。图 1-15 中，对于尺寸 40mm 来说，A 面是 C 面的设计基准，也可认为 C 面是 A 面的设计基准。

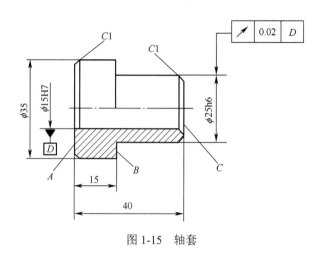

图 1-15 轴套

（2）工艺基准

在工艺过程中所使用的基准称为工艺基准。按其用途不同，又可分为定位基准、测量基准、装配基准和工序基准。

1）定位基准 在加工过程中用作定位的基准称为定位基准。定位基准一般由工艺人员选定，它对于保证零件的尺寸和位置精度起着重要作用。

2）测量基准 测量工件时所采用的基准称为测量基准。图 1-15 中的零件，用卡尺测量尺寸 15mm 和 40mm，表面 A 是表面 B、表面 C 的测量基准。

3）装配基准 用来确定零件或部件在产品中的相对位置所采用的基准称为装配基准。如主轴的轴颈、齿轮的孔和端面等。

4）工序基准 在工序图上，用来确定本工序所加工表面加工后的尺寸、形状、位置的基准称为工序基准。工序基准应尽量与设计基准一致，当考虑定位或试切测量方便时也可以与定位基准或测量基准一致。

（二）基准的选择

1. 粗基准的选择

图 1-16 和图 1-17 分别为某零件的毛坯和某工序的加工要求示意图，试为图 1-16 所示零件的首道机械加工工序选择粗基准，并为图 1-17 所示零件的该工序加工选择精基准。

图 1-16 为某轴类零件的毛坯示意图，该毛坯结构简单，其加工可在车床上利用三爪自定心卡盘夹持外圆后进行，因而粗基准只有两种选择，即以左端外圆为粗基准或以右端外圆为粗基准。由图可知，由于毛坯制造存在较大误差，使左、右两段圆柱产生了 3mm 的偏心，粗基准应考虑工件各加工面的余量是否够，合理确定定位的粗基准。

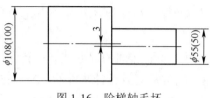

图 1-16 阶梯轴毛坯

图 1-17 为某零件加工中某工序的示意图，该加工工序为加工零件的 B、C 平面，由于 C 面的工序基准为 B 面，加工中如采用 A 面为定位基准则基准不重合，而如果采用 B 面作为定位基准又会使夹具的结构复杂，使工件的装夹困难，因此在实际加工中应综合考虑各种因素，合理确定定位的精基准。

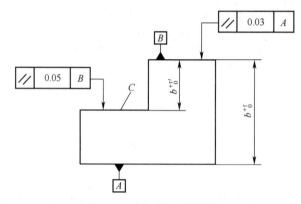

图 1-17 某工序的示意图

在零件的起始工序中，只能选择未经机械加工的毛坯表面作定位基准，这种基准称为粗基准。选择粗基准时，应重点考虑两个问题：一是保证主要加工面有足够而均匀的余量和各待加工面有足够的余量；二是保证加工面和不加工面之间的相互位置精度。具体选择的原则是：

（1）为了保证加工面与不加工面之间的位置要求，应选择不加工面做定位基准。

当工件上有多个不加工面与加工面之间有位置要求时，则应以其中要求最高的不加工面为粗基准。

（2）粗基准的选择应使各加工面的余量合理分配。在分配余量时应考虑以下两点：

1）为保证各加工面都有足够的加工余量，应选择毛坯余量最小的面为粗基准。例如，图 1-16 所示的阶梯轴，因 ϕ55mm 外圆的余量较小，故应选择 ϕ55mm 外圆为粗基准。如果选择 ϕ108mm 外圆为粗基准加工 ϕ50mm 外圆，由于两外圆有 3mm 的偏心，则可能因 ϕ50mm 的余量不足而使工件报废。

2）为了保证重要加工表面的余量均匀，应选择重要表面为粗基准。

（3）粗基准应避免重复使用，在同一尺寸方向上通常只允许使用一次。

粗基准是毛面，一般来说表面比较粗糙，形状误差也大，如重复使用就会造成较大的定位误差，因此粗基准应避免重复使用。应以粗基准定位首先加工好精基准，为后续工序准备好精基准。

（4）选作粗基准的表面应平整、光洁，要避开锻造飞边和铸造浇冒口、分型面等缺陷，以保证定位准确，夹紧可靠。

另外，当使用夹具装夹时，选择的粗基准面最好使夹具结构简单、操作方便。

2. 精基准的选择

在零件的整个加工过程中，除首道机械加工工序外的所有机械加工工序都应采用已经加工过的表面定位，这种定位基准叫精基准。选择精基准时，重点是考虑如何减小工件的定位误差、保证工件的加工精度，同时也要考虑装夹工件的方便、夹具结构的简单。选择精基准时一般遵循下列原则：

（1）基准重合原则

即选择工件的设计基准（或工序基准）作为定位基准，以避免由于定位基准与设计基准（或工序基准）不重合而引起的定位误差。如图 1-17 所示零件，由于本工序加工面为 C 面，加工 C 面时的工序基准为 B 面，如果定位时选择 B 面即满足基准重合的要求，如选择 A 面则定位基准与工序基准不重合。

（2）基准统一原则

当工件以某一组精基准定位，可以比较方便地加工其他各表面时，应尽可能在多数工序中采用此同一组精基准定位，这就是"基准统一"原则。例如，轴类零件的大多数工序都采用顶尖孔为定位基准。

（3）自为基准原则

某些要求加工余量小而均匀的精加工工序，可选择加工表面本身作为定位基准。这时本工序的位置精度是不能得到提高的，因而其位置精度应在前工序得到保证。

（4）互为基准原则

为了获得均匀的加工余量或较高的位置精度，可采用互为基准反复加工的原则。例如加工精密齿轮时，先以内孔定位加工齿形面，齿面淬硬后需进行磨齿，因齿面淬硬层较薄，所以要求磨削余量小而均匀，此时可用齿面为定位基准磨内孔，再以内孔为定位基准磨齿面，从而保证吃面的磨削余量均匀，且与齿面的相互位置精度又较容易得到保证。

（5）定位基准的选择应便于工件的装夹，并使夹具的结构简单

仍以图 1-17 所示零件为例，当加工 C 面时，如果采用"基准重合"原则，选择 B 面为定位基准，这样不仅装夹不便，而且夹具的结构也将很复杂。如果采用 A 面作为定位基准，虽然可使工件装夹方便、夹具结构简单，但会产生基准不重合误差，如果本工序加工要求不是很高，则采用 A 面为定位基准是合适的；但如果本工序加工要求很高，则采用 B 面为定位基准就比较合理。

上述定位基准选择原则在具体使用时常常会互相矛盾，必须结合具体的生产条件进行分析，抓住主要矛盾，兼顾其他要求，灵活运用这些原则。

三、任务分析

在基准中，定位基准选择正确与否，关系到拟定工艺路线和夹具设计是否合理，并将影响到工件的加工精度、生产率和加工成本。因此，定位基准的选择是制订工艺的主要内

容之一，也是设计加工程序的主要依据。

四、任务实施

（一）任务准备

（1）准备《数控加工工艺制订与实施》相关教学资料，包括教材、教参、工作任务书等。

（2）准备教学用辅具、典型轴类零件。

（3）准备生产资料，包括机床设备、工艺装备等。

（4）安全文明教育。

（二）任务实施

1. 选择螺纹轴的粗基准

毛坯外圆为粗基准，粗加工右端，然后再以右端外圆为基准加工左端。

2. 选择螺纹轴的精基准

精加工可以以两中心孔定位，也可以一夹一顶装夹，外圆和中心孔定位。

五、检查评估

螺纹轴的基准选择评分标准见表 1-11。

表 1-11   选择螺纹轴基准的评分标准

姓名		零件名称	螺纹轴	总得分		
项目	序号	检查内容	配分	评分标准	检测记录	得分
基准	1	粗基准	40	不正确每处扣 10 分		
	2	精基准	40	不正确每处扣 10 分		
表现	3	团队协作	10	违反操作规程全扣		
	4	考勤	10	不合格全扣		

六、知识拓展

齿轮轴的加工基准：加工如图 1-18 所示齿轮轴，该齿轮轴材料为 30CrMnTi。生产纲领为 2000 件/年，选择齿轮轴的基准。

齿轮轴主要表面的加工顺序，在很大程度上取决于定位基准的选择。轴类零件本身的结构特征和主轴上各主要表面的位置精度要求都决定了以轴线为定位基准是最理想的。这样既保证基准统一，又使定位基准与设计基准重合。一般多以外圆为粗基准，以轴两端的顶尖孔为精基准。具体选择时还要注意以下几点：

（1）当各加工表面间相互位置精度要求较高时，最好在一次装夹中完成各个表面的加工。

（2）粗加工或不能用两端顶尖孔（如加工主轴锥孔）定位时，为提高工件加工时工艺系统的刚度，可只用外圆表面定位或用外圆表面和一端中心孔作定位基准。在加工过程中，应交替使用轴的外圆和一端中心孔作定位基准，以满足相互位置精度要求。

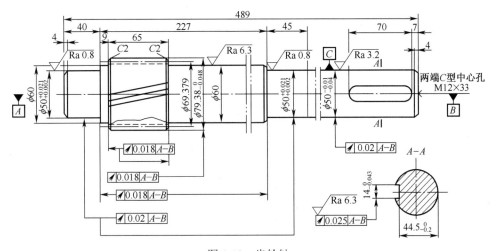

图 1-18 齿轮轴

（3）如果轴是带通孔的零件，在通孔钻出后将使原来的顶尖孔消失。为了仍能用顶尖孔定位，一般均采用带有顶尖孔的锥堵或锥套心轴。当轴孔的锥度较大（如铣床主轴）时，可用锥套心轴；当主轴锥孔的锥度较小（如 CA6140 型机床主轴）时，可采用锥堵。必须注意，使用的锥套心轴和锥堵应具有较高的精度并尽量减少其安装次数。锥堵和锥套心轴上的中心孔既是其本身制造的定位基准，又是主轴外圆精加工的基准，因此必须保证锥堵或锥套心轴上的锥面与中心孔有较高的同轴度。若为中、小批生产，工件在锥堵上安装后一般中途不更换。若外圆和锥孔需反复多次互为基准进行加工，则在重装锥堵或心轴时必须按外圆找正或重新修磨中心孔。

从以上分析来看，图 1-18 齿轮轴加工工艺过程中选择定位基准应考虑这样安排：工艺过程一开始就以外圆作粗基准钻端面中心孔，为粗车准备定位基准；而粗车外圆则为后续加工准备定位基准；此后，为了给半精加工、精加工外圆准备定位基准，又先加工好前后顶尖孔作定位基准；齿轮齿形加工也采用顶尖孔作为定位基准，这非常好地体现了基准统一原则，也充分体现了基准重合原则。

七、思考与练习

（一）填空题

1. 根据基准的作用不同，可分为_____和_____两类。

2. _____一般由工艺人员选定，它对于保证零件的尺寸和位置精度起着重要作用。

3. 精基准的选择原则是_____、_____、_____、_____。

4. 一般轴类零件，在车、铣、磨等工序中，始终用中心孔作为精基准，符合_____原则。

5. 选择精基准应力求基准重合，即_____基准与_____基准重合。

（二）选择题

1. 用来确定生产对象（工件）上几何要素间的几何关系所依据的那些点、线、面叫做（   ）。

A．设计基准   B．基准   C．工艺基准

2．在加工过程中用作定位的基准称为（   ）基准。

A．定位   B．装配   C．工序   D．测量

3．（   ）基准应避免重复使用，在同一尺寸方向上通常只允许使用一次。

A．粗   B．精   C．定位   D．测量

4．在下列内容中，不属于工艺基准的是（   ）。

A．定位基准   B．测量基准   C．装配基准   D．设计基准

5．选择加工表面的设计基准为定位基准的原则称为（   ）原则。

A．基准重合   B．基准统一   C．自为基准   D．互为基准

6．工件上有些表面需要加工，有些表面不需要加工，选择粗基准时，应选（   ）为粗基准。

A．不加工表面   B．要加工表面   C．重要表面

（三）简答题

1．工艺基准包括哪些？

2．粗基准的选择原则是什么？

（四）分析题

如图 1-19 所示的心轴零件图，试完成该零件定位基准的选择。

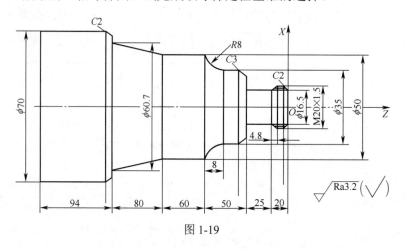

图 1-19

任务4   拟订螺纹轴的工艺路线

一、任务描述

如图 1-1 所示螺纹轴的零件图，根据零件图给出的技术要求及以上任务分析，拟定螺纹轴的工艺路线。

二、任务资讯

（一）加工方法

1．工序的划分

根据数控加工的特点，数控加工工序的划分一般可按下列方法进行：

（1）以一次安装、加工作为一道工序。这种方法适合于加工内容较少的工件，加工完毕后即达到待检状态。

（2）以同一把刀具加工的内容划分工序。有些工件虽然能在一次安装中加工出很多待加工表面，但因程序太长，可能会受到某些限制，如控制系统的限制（内存容量），车床连续工作时间的限制（一道工序在一个工作班内不能结束）等。此外，程序太长会增加错误及检索困难。因此，每道工序的内容不可太多。

（3）以加工部位划分工序。对于加工表面较多或不能一次装夹完成的工件（如图1-20所示），可按其结构特点将加工部位分成几个部分，如内腔、外形、曲面或端面，并将每一部分的加工作为一道工序。如图1-20（a）所示，第一次先进行圆柱加工，然后二次装夹（调头），车削如图1-20（b）所示的圆球。

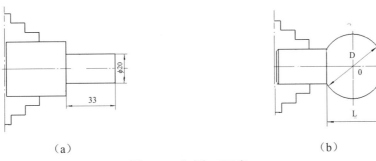

（a）　　　　　　　　　　　　　　（b）

图1-20　分序加工示意

（4）以粗、精加工划分工序。对于加工中易发生变形和要进行中间热处理的工件，粗加工后的变形常常需要进行校直，故要进行粗、精加工的零件一般都要将工序分开。如图1-21所示的零件内孔尺寸较多，且 $\phi52$ 外圆精度较高，应按粗、精加工划分工序。

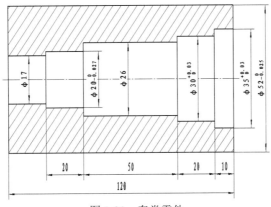

图1-21　套类零件

2. 工序的安排

工序的安排应根据零件的结构和毛坯状况，以及安装定位与夹紧的需要来考虑。工序安排一般应按以下原则进行：

（1）上道工序的加工不能影响下道工序的定位与夹紧，中间穿插有普通车床加工工序的也应综合考虑。

（2）先进行内腔加工，后进行外形加工。

（3）以相同定位、夹紧方式或同一把刀具加工的工序，最好连续加工，以减少重复定位次数和换刀次数。

3. 数控加工工序与普通工序的衔接

数控加工工序前后一般都穿插有其他普通加工工序，如衔接得不好就容易产生矛盾。因此，在熟悉整个加工工艺内容的同时，要清楚数控加工工序与普通加工工序各自的技术要求、加工目的和加工特点，如是否留加工余量，留多少；定位面与孔的精度要求及形位公差；对校直工序的技术要求；加工过程中的热处理等，这样才能使各工序达到加工需要。

（二）数控加工工艺处理的原则和步骤

1. 工艺处理的一般原则

数控加工工艺的分析及安排涉及的因素很多，所需知识面较广，因此，数控车床操作工应具有一定的数控技术基础知识，才能适应数控加工的要求。

工艺处理的一般原则是：

（1）因地制宜。根据本单位的技术力量，数控设备种类、分布与数量，以及操作者的技术能力等实际条件，力求工艺处理过程简单易行，并能满足加工的需要。

（2）总结经验。在积累普通车床加工的工艺经验的基础上，探索、总结数控加工的工艺经验。普通车床加工的某些工艺经验对数控加工仍具有一定的指导意义。

（3）灵活运用。不同操作者在同一台普通车床上加工同一个零件，可以凭借自己的技能，采取不同的工序、工步达到同样要求。在数控编程过程中，不同的编程者仍可通过不同的处理途径，达到相同的加工目的。如何使其工艺处理环节更加合理、先进，这就必须要求编程者灵活应用有关工艺处理知识和经验，不断丰富自己的工艺处理能力，具体问题具体分析，提高应变能力。

（4）考虑周全。设计及制定加工工艺是一项十分缜密的工作，必须一丝不苟地进行。因为数控加工是自动化加工，其加工过程中不能随意进行中途停顿和调整。所以，必须对加工过程中的每一个细节都给予充分的分析和考虑。例如，在加工盲孔时，要考虑其孔内是否已经塞满了切屑；又如钻深孔时，应安排分几段慢钻、快退工艺才能有效解决散热及排屑问题等。

2. 工艺处理的步骤

工艺处理一般按以下步骤进行：

（1）图样分析。图样分析的目的在于全面了解零件轮廓及精度等各项技术要求，为下一步骤提供依据。现对图 1-22 所示的零件进行分析，尺寸精度要求如图所示。

在分析过程中，可以同时进行一些编程尺寸的简单换算，如增量尺寸、绝对尺寸、中值尺寸及尺寸链计算等。在数控编程实践中，常常对零件要求的尺寸进行中值计算，作为编程的尺寸依据。如图 1-23 所示为对图 1-22 中轴类零件进行中值计算的结果。

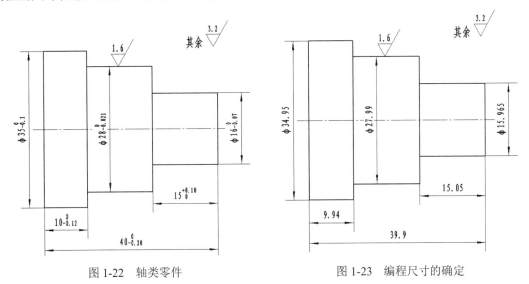

图 1-22　轴类零件　　　　　　　　　图 1-23　编程尺寸的确定

（2）工艺分析。工艺分析的目的在于分析工艺可能性和工艺优化性。工艺可能性是指考虑采用数控加工的基础条件是否具备，能否经济地控制其加工精度等；工艺优化性主要指对车床（或数控系统）的功能等要求能否尽量降低，刀具种类及零件装夹次数能否尽量减少，切削用量等参数的选择能否适应高速度、高精度的加工要求等。

（3）工艺准备。工艺准备是工艺安排工作中不可忽视的重要环节。它包括对车床操作编程手册、标准刀具和通用夹具样本及切削用量表等资料的准备，车床（或数控系统）的选型和车床有关精度及技术参数（如综合机械间隙）的测定，刀具的预调（对刀），补偿方案的指定以及外围设备（如自动编程系统、自动排屑装置等）的准备工作。

（4）工艺设计。在完成上述步骤的基础上，参照"制定加工方案"中所介绍的方法完成其工艺设计（构思）工作。

（5）实施编程。将工艺设计的构思通过加工程序单表达出来，并通过程序校验验证其工艺处理（含数值计算）的结果是否符合加工要求，是否为最好方案。

（三）制定加工方案

加工方案又称工艺方案，数控车床的加工方案包括制定工序、工步及其先后顺序和进给路线等内容。

制定加工方案的方法较多，通常采用与普通车床加工工艺大致相同的方法，如先粗后精、先近后远及先内后外等。

1. 常用加工方案

（1）先粗后精方案。这是数控加工与普通加工都常采用的方案，目的是提高生产效率、保证零件的精加工质量。其过程是先安排较大背吃刀量及进给量的粗加工工序，以便在较短的时间内，将大量的加工余量去掉。例如，车削如图 1-24 所示零件时，粗车工序应较快完成，将图中虚线外部分车去。

在制定该方案的过程中，因考虑到精车过程是连续进行的，故其粗车后应尽量满足精加工余量均匀性的要求。图 1-24 粗车时，余量是不均匀的，可在该方案中增加一个半精车过程，即可满足精车要求。

（2）先近后远方案。这里所说的近与远，是按加工部位相对于起刀点的位置而言的。在一般情况下，特别是在粗加工时，通常安排离起刀点近的部位先加工，远的部位后加工，以便缩短刀具移动距离，减少空行程时间，如图 1-25 所示。对于车削加工，先近后远还有利于保持坯件或半成品的刚性，改善其切削条件。

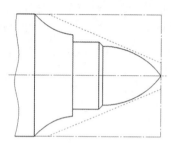

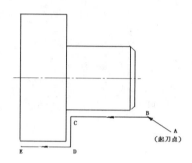

图 1-24   粗车示意图   图 1-25   先近后远加工路线

（3）先内后外方案。对既有内表面又有外表面的零件，在制定其加工方案时，通常应安排先加工内形表面，后加工外形表面。这是因为控制内表面的尺寸和形位精度较困难，刀具刚性相应较差，刀尖或刀刃的使用寿命易受到切削热的影响，以及在加工中清除切屑较困难等原因造成的。

2. 制定加工方案的要求

在制定加工方案过程中，除了必须严格保证零件的加工质量外，还应注意以下几个方面的要求：

（1）程序段最少。在加工程序的编制过程中，为使程序简洁、减少出错率及提高编程工作的效率等，总是希望以最少的程序段实现对零件的加工。

由于车床数控装置具有直线和圆弧插补等运算功能，除非圆曲线等特殊插补功能要求外，精加工程序的段数一般可由构成零件的几何要素及由工艺路线确定的各条程序段直接得到。这时，应重点考虑如何使粗车的程序段数和辅助程序段数为最少。例如，在粗加工时尽量采用车床数控系统的固定循环等功能（可大大减少其程序段数）；又如在编程中尽量避免刀具每次进给后均返回对刀点或车床的固定原点位置上（可减少辅助程序段的段数）。

（2）进给路线最短。确定进给路线的重点主要在于确定粗加工和空行程路线，因精加工切削过程的进给路线基本上都是沿其零件轮廓顺序进行的。

进给路线泛指刀具从对刀点（或机床固定原点）开始运动起，直至返回该点并结束加工程序所经过的路径，包括切削加工的路径及刀具引入、切出等非切削空行程的路径。

在保证加工质量的前提下，使加工程序具有最短的进给路线，不仅可以节省整个加工过程的执行时间，还能减少一些不必要的刀具消耗及车床进给机构滑动部件的磨损等。

1）巧用起刀点。图 1-26 所示为采用矩形循环方式进行粗车的一般情况。其起刀点 A

的设定是考虑到精车等加工过程中需方便地换刀，故设置在离工件较远的位置，同时将起
刀点和对刀点重合在一起，按三刀粗车的走刀路线安排如下：

第一刀　　A—B—C—D—A

第二刀　　A—E—F—D—A

第三刀　　A—G—H—D—A

图 1-27 所示则是将起刀点和对刀点分离。起刀点设于图示 A 点位置，仍按相同的切削
用量进行三刀粗车，走刀路线安排如下：

第一刀　　A—B—C—D—A

第二刀　　A—E—F—D—A

第三刀　　A—G—H—D—A

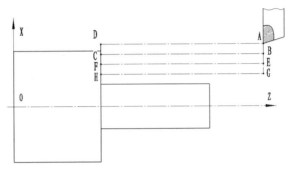

图 1-26　起刀点和对刀点重合

显然，图 1-27 所示的走刀路线比图 1-25 中的短。该方法也可用于其他循环指令格式的
加工程序中。

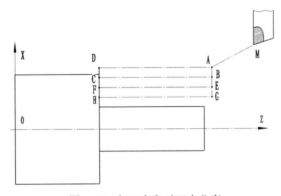

图 1-27　起刀点和对刀点分离

2）选择最短的切削进给路线。最短的切削进给路线，不仅可有效地提高生产效率，还
可大大降低刀具的损耗。在安排粗加工或半精加工的切削进给路线时，应同时兼顾到被加
工零件的刚性及加工的工艺要求，不要顾此失彼。

图 1-28 所示为粗车图 1-24 所示工件时安排的几种不同切削进给路线的示意图。其中，
（a）图表示利用数控系统的复合循环功能，控制车刀每次均按与零件轮廓相同的轨迹进给；

（b）图表示利用数控系统的程序循环功能安排的"三角形"进给路线；c 图表示利用数控系统的固定（矩形）循环功能安排的"矩形"进给路线。

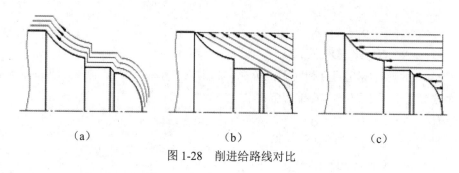

（a）　　　　　　　（b）　　　　　　　（c）

图 1-28　削进给路线对比

对以上三种切削进给路线，经分析和判断后，可知矩形循环进给路线的走刀长度总和最短。因此，在同等条件下，其切削所需时间（不含空行程）最短，刀具的损耗小。另外，矩形循环加工的程序段格式较简单，所以这种进给路线的安排，在制定加工方案时应用较多。

（3）灵活选用不同形式的切削路线。图 1-29 给出了在切削半圆弧凹表面时，可供选用的几种常见的切削路线的形式。

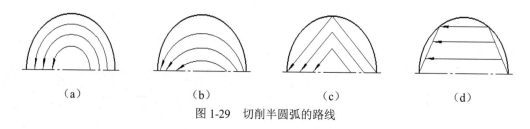

（a）　　　　　　（b）　　　　　　（c）　　　　　　（d）

图 1-29　切削半圆弧的路线

如图 1-29 所示，（a）图表示同心圆形式，（b）图表示等径圆弧（不同圆心）形式，（c）图表示三角形形式，（d）图表示梯形形式。

不同形式的切削路线有不同的特点，了解它们各自的特点，有利于合理安排进给路线。

三、任务分析

该零件为形状比较复杂的轴类零件。该零件主要构成面为圆柱形外表面、圆锥面、槽、螺纹、正弦曲线等，圆柱形表面的尺寸加工精度要求为 IT6，主要圆柱面部分有较高的同轴度要求，表面粗糙度要求为 Ra1.6μm。由于数控加工具有加工效率高、质量稳定、对工人技术的要求较低，同时可以用宏程序、自动加工等，所以数控加工技术在零件加工中的应用越来越多，特别适合特殊性面。该螺纹轴的加工也采用了数控车削加工方法。

四、任务实施

（一）任务准备

（1）准备《数控加工工艺制订与实施》相关教学资料，包括教材、教参、工作任务书等。

（2）准备教学用辅具、典型轴类零件。

（3）准备生产资料，包括机床设备、工艺装备等。

（4）安全文明教育。

（二）任务实施

1. 选择螺纹轴的加工方法

根据螺纹轴的精度和表面粗糙度要求，选用车削加工，可以达到要求。

2. 拟定螺纹轴的加工路线

（1）粗车左端：外圆—槽。

（2）粗车右端：外圆—槽。

（3）精车左端：外圆从小直径到大直径—正弦曲线—槽。

（4）精车右端：外圆从小直径到大直径—槽—螺纹。

五、检查评估

螺纹轴的基准选择评分标准见表 1-12。

表 1-12　选择螺纹轴基准的评分标准

姓名		零件名称	螺纹轴		总得分		
项目	序号	检查内容	配分	评分标准	检测记录	得分	
加工方案	1	加工方法	30	不正确每处扣 10 分			
	2	加工路线	50	不正确每处扣 10 分			
表现	3	团队协作	10	违反操作规程全扣			
	4	考勤	10	不合格全扣			

六、知识拓展

加工方法

（一）外圆表面的主要加工方法

外圆表面的加工方法主要包括车削加工和磨削加工。

1. 外圆表面的车削加工

工件旋转做主运动，车刀作纵向、横向或斜向进给运动的切削方法称为车削。车削是加工外圆表面最主要的加工方法之一，主要用来加工各种回转面。如车外圆柱面、外圆锥面、车端面、车螺纹、车槽和切断等，如图 1-30 所示。

（1）车削加工的特点和应用

1）加工成本低　车刀为单刃刀具，结构简单、刚度高，制造、刃磨和装夹方便，刀具价格低廉。

2）生产率较高　车削的主运动是连续旋转运动，刀杆刚性大，加工过程平稳，便于高速切削和强力切削，有利于提高生产率。

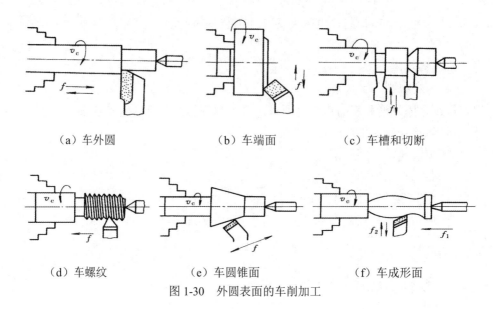

（a）车外圆　　　　　（b）车端面　　　　　（c）车槽和切断

（d）车螺纹　　　　　（e）车圆锥面　　　　　（f）车成形面

图 1-30　外圆表面的车削加工

3）相互位置精度高　加工过程中，可在一次装夹中完成不同直径的外圆、内孔和端面，可以保证较高的同轴度、外圆与端面的垂直度等。

4）加工范围广　可加工各种钢料、铸铁、有色金属和非金属材料，对淬火钢和加工硬度在 50HRC 以上的材料，可用新型硬质合金、立方氮化硼、陶瓷或金刚石车刀车削。

（2）车削加工方法

通常外圆表面的车削加工可分为粗车、半精车、精车和精细车四个加工阶段。选择哪一个加工阶段作为外圆表面的最终加工，需要根据车削各加工阶段所能达到的尺寸精度和表面粗糙度，结合零件表面的技术要求来确定，见表 1-13。

表 1-13　车削外圆的加工经济精度及表面粗糙度

加工方法	加工性质	加工经济精度（IT）	表面粗糙度 Ra（μm）
车削外圆	粗车	IT13～IT11	50～12.5μm
	半精车	IT10～IT9	6.3～3.2μm
	精车	IT7 ～IT6	1.6～0.8μm
	精细车	IT6 ～IT5	0.4 左右

粗车：粗车的加工精度一般可达 IT13～IT11，表面粗糙度可达 Ra50～12.5μm，主要用于迅速切去多余的金属，常采用较大的背吃刀量、较大的进给量和中低速车削。

半精车：半精车的加工精度一般可达 IT10～IT9，表面粗糙度可达 Ra6.3～3.2μm，主要用于磨削加工和精加工的预加工，或中等精度表面的终加工。

精车：精车的加工精度一般可达 IT7～IT6，表面粗糙度可达 Ra1.6～0.8μm，主要用于较高精度外圆的终加工或作为光整加工的预加工。

精细车：精细车的加工精度一般可达 IT6 以上，表面粗糙度可达 Ra0.4μm 左右，主要用于高精度、小型且不宜磨削的有色金属零件的外圆加工，或大型精密外圆表面加工。精细车一般应采用高切削速度、小背吃刀量和小进给量加工。

2. 外圆表面的磨削加工

磨削加工是用磨具（砂轮、油石、砂带等）以较高的线速度对工件表面进行加工的方法，常作为车削外圆的后续加工，是外圆表面精加工的主要方法之一，既可以加工淬硬后的表面，又可以加工未经淬火的表面。

（1）磨削加工的特点和应用

1）加工精度高 磨削加工属于高速多刃微刃切削，磨粒硬度高，能在工件表面上切除极薄的材料，磨削过程是磨粒切削、刻划和滑擦综合作用的过程，有一定的研磨和抛光作用，可获得较高的加工精度和表面质量。

2）表面质量好 磨钝的砂粒在外力作用下会脱落、更新，具有自锐性，故磨粒的等高性好，能获得较好的表面质量。

3）磨削温度高 磨削加工速度高，砂轮与工件之间发生剧烈的摩擦，容易引起工件退火和产生烧伤现象。

4）加工范围广 磨削不仅可加工铸铁、碳钢、合金钢等一般结构材料，还可加工高硬度的淬硬钢、硬质合金、陶瓷、玻璃等难加工材料，应用越来越广泛。

（2）磨削加工方法

根据磨削时工件定位方式的不同，外圆磨削可分为中心磨削和无心磨削两大类。

中心磨削即普通的外圆磨削，被磨削的工件由中心孔定位，在外圆磨床或万能外圆磨床上加工。磨削后工件尺寸精度可达 IT8～IT6，表面粗糙度 Ra0.8～0.1μm。主要有纵向磨削法、横向磨削法、深度磨削法和综合磨削法。

1）纵向磨削法。

纵向磨削法如图 1-31（a）所示，砂轮的高速旋转为主运动，工件低速回转作圆周进给运动，工作台做纵向往复进给运动，实现对工件整个外圆表面的加工。每一纵向行程或往复行程终了时，砂轮做周期性的横向移动，直至达到所需的磨削深度。当接近最终尺寸时，需进行无横向进给的光磨过程，直至火花消失为止。

纵向磨削法每次的径向进给量少，磨削力小，散热条件好，充分提高了工件的磨削精度和表面质量，能满足较高的加工质量要求，但磨削效率较低。主要适用于单件、小批量生产或精磨加工时较大工件的外圆磨削。

2）横向磨削法。

横向磨削法如图 1-31（b）所示，又称切入磨削法。磨削外圆时，砂轮宽度大于工件的磨削长度，工件不需做纵向进给运动。砂轮的高速旋转为主运动，工件低速回转做圆周进给运动，同时砂轮以缓慢的速度连续地或断续地向工件做横向进给运动，直至达到所需尺寸要求。

横向磨削法充分发挥了砂轮的切削能力，磨削效率高。但在磨削过程中砂轮与工件接触面积大，使得磨削力增大，工件易发生变形和烧伤。另外，砂轮形状误差直接影响工件几何形状精度，磨削精度较低，表面粗糙度值较大。主要适用于磨削长度较短的外圆表面。

3）深度磨削法。

深度磨削法如图 1-31（c）所示，这是一种比较先进的加工方法，在一次纵向进给运动中切除工件全部磨削余量，磨削机动时间缩短，故生产率高，但磨削抗力大。主要适用于批量生产中在功率大、刚性好的磨床上磨削较大的工件。

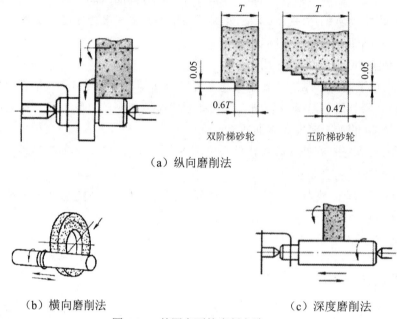

（a）纵向磨削法

（b）横向磨削法　　　　　　　（c）深度磨削法

图 1-31　外圆表面的磨削方法

4）综合磨削法。

综合磨削法又称分段磨削法，它是纵向磨削法和横向磨削法的综合应用。磨削时，先采用横向磨削法分段粗磨外圆，并留精磨余量，然后再用纵向磨削法精磨至规定尺寸。这种磨削方法既有横磨法生产效率高的优点，又有纵磨法加工精度高的优点。主要适用于磨削余量大、刚性好的工件。

无心磨削是一种高生产率的精加工方法，磨削后工件的尺寸精度可达 IT7～IT6，表面粗糙度可达 Ra0.8～0.2μm。磨削时工件放在砂轮与导轮之间的托板上，以被磨削的外圆本身作为定位基准，不用中心孔支承，故称为无心磨削，如图 1-32 所示。

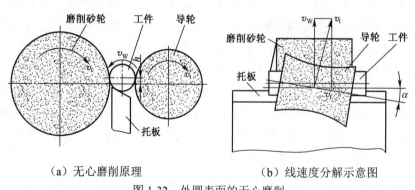

（a）无心磨削原理　　　　　　　（b）线速度分解示意图

图 1-32　外圆表面的无心磨削

导轮是用摩擦系数较大的橡胶结合剂制作的磨粒较粗的砂轮，其转速很低（20～

80mm/min），靠摩擦力带动工件旋转。无心磨削时砂轮和工件的轴线总是水平放置的，而导轮的轴线通常要在垂直平面内倾斜一个 α 角，其线速度分解为两个分速度：$v_{导水平}$ 和 $v_{导垂直}$，分别带动工件做圆周进给运动和轴向进给运动。

无心磨削的生产效率高，容易实现工艺过程的自动化，但所能加工的零件具有一定的局限性，不能磨削带长键槽和平面的圆柱表面，也不能用于磨削同轴度要求较高的阶梯轴外圆表面。其磨削方式可分为纵磨法和横磨法，分别用于磨削光轴和阶梯轴。

（3）磨削加工过程

一般外圆表面的磨削加工分为粗磨、精磨、精密磨削和超精密磨削。

1）粗磨　粗磨的加工精度一般可达 IT9～IT8，表面粗糙度值可达 Ra10～1.25μm。

2）精磨　精磨的加工精度一般可达 IT8～IT6，表面粗糙度值可达 Ra1.25～0.63μm。

3）精密磨削　精密磨削是一种精密加工方法，加工精度一般可达 IT6～IT5，表面粗糙度值可达 Ra0.16～0.01μm。

4）超精密磨削　超精密磨削属于精密加工范畴，加工精度一般可达 IT5 以上，表面粗糙度值小于 Ra0.025μm，详见精密加工方法内容。

（二）外圆表面的精密加工方法

精密加工一般指被加工工件的尺寸精度为 0.3～3μm，公差等级 IT5 级以上，表面粗糙度值达到 Ra0.3～0.03μm 的加工方法，主要指超精加工、高精度磨削、珩磨、研磨、抛光和金刚石刀具切削等。

1. 外圆表面的精密车削

加工外圆表面时，用刃口圆弧半径很小的车刀进行高速、微量切削而获得高精度的工艺方法，称为精密车削。

精密车削主要用于铜、铝及其合金制件的最终加工，其他如纯金属、塑料、玻璃纤维、合成树脂及石墨等不宜采用磨削而要求又高的零件，也常使用精密车削。对于表面粗糙度值要求很小的铜、铝及其合金制件的外圆表面或反射镜的曲面，使用金刚石车刀进行镜面车削，表面粗糙度值可小于 Ra0.05μm。

精密车削还用作黑色金属或其他表面硬度高的精密零件光整加工前的预加工工序。

精密车削除必须在精密车床上进行外，还需要对所用的三爪自定心卡盘、弹簧夹头和心轴等回转组件进行动平衡，并精密测定其跳动量，以及仔细选取刀具材料和切削用量。精密车削所用刀具主要有金刚石车刀和硬质合金精密车刀两种。

2. 外圆表面的精密磨削

在精密磨床上用经过精细修整的细粒度砂轮进行加工的方法称为精密磨削。精密磨用于高精度、小表面粗糙度值磨削，可以获得 IT5 级的尺寸精度和高的几何形状精度。

根据获得的表面粗糙度值的不同，将精密磨削细分为三种，表面粗糙度值为 Ra0.16～0.04μm 的称为精密磨削；Ra0.04～0.01μm 的称为超精密磨削；小于或等于 Ra0.01μm 的称为镜面磨削。

精密磨削主要用于机床主轴、高精度轴承、液压滑阀、标准量具量仪以及宇航工业中的精密零件、计算机磁盘等元件的制造。

3. 超精加工

超精加工是用细粒度磨具对工件施加很小的压力，油石做往复振动和慢速沿工件轴向运动，以实现微量磨削的一种光整加工方法，如图 1-33 所示。

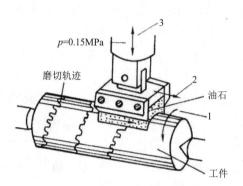

图 1-33   外圆表面的超精加工

超精加工可用专用机床或其他设备改装，其主要机构是振动磨头，用以安装油石，并以电气和机械产生振动；工件安装在能使其运动的工作台上，采用两顶尖装夹，选择一定的切削工艺参数，开动机床，使油石和工件产生各种所需的运动，即可进行超精加工。

加工时，装有细粒度油石的磨头以恒定压力 F 轻压于工件表面上，以快而短促的往复振动对低速旋转的工件进行表面光整加工，磨头与工件之间有三个主要运动：工件的低速转动 1（工件的圆周速度一般为 30m/min）；磨头的纵向进给运动 2（粗加工时纵向进给量一般取 0.5～1mm/r，精加工时为 0.1～0.2mm/r）；油石的高速往复振动 3。

超精加工特点主要有：

（1）生产效率高、加工表面粗糙度值小。经过超精加工工序，可以使预加工表面粗糙度 Ra0.4 μm 的工件很快减小到 Ra0.012～0.006μm。

（2）加工精度高。尺寸精度和几何精度可以控制在 IT5 级的公差的 1/2 以内，并可消除工件表面的螺旋形、多边形、波纹等缺陷。

（3）切削速度低、油石压力小。超精加工工件低速旋转，因而切削速度低，油石压力一般小于 5MPa，可改善加工表面的力学性能，减轻表面烧伤、退火变质等现象。

（4）使用设备简单、油石价格低廉。

（5）由于超精加工的刀具处于悬浮状态，因此，不能提高加工表面的相互位置精度。适用于外圆表面需进一步提高尺寸精度和表面质量的加工。

4. 研磨

研磨是用研磨工具和研磨剂，从工件上研去一层极薄表面材料的精密加工方法。研磨的实质是游离的磨粒通过研磨工具对工件进行包括物理和化学综合作用的微量切削，可完成外圆、内孔、平面的研磨。

研磨分手工研磨和机械研磨两种。手工研磨是手持研具进行研磨。研磨外圆时，可将工件装夹在车床卡盘上或顶尖上做低速旋转运动，研具套在工件上用手推动研具做往复运动。机械研磨在研磨机上进行。

研磨属精整、光整加工，研磨前加工面要进行良好的精加工，研磨余量在直径上一般为 0.1～0.03mm。研磨的工艺特点有：

（1）工件研磨后，尺寸、形状精度高，表面粗糙度值小。如果加工条件控制得好，研磨外圆可获得很高的尺寸精度（IT6～IT4）和极小的表面粗糙度值以及较高的形状精度（圆度误差为 0.003～0.001mm）。

（2）研磨后的工件表面耐磨性和耐腐蚀性提高，可延长工件的使用寿命。

（3）加工设备和研具操作方便简单、成本低。

（4）适应性好。研磨可加工钢、铸铁、硬质合金、光学玻璃、陶瓷等多种材料。

（5）研磨不能提高位置精度，生产效率较低。

（三）加工方案

选择各加工表面的加工方法时，主要应保证加工表面的加工精度和表面粗糙度的要求。一般是先根据表面的加工精度和表面粗糙度的要求选定最终加工方法，然后确定加工方案。

1. 选择加工方案时需要考虑的因素

（1）工件的形状和尺寸　不同形状和尺寸的加工表面直接影响加工方法的选择。例如外圆柱表面的加工一般常采用车削、磨削的加工方法。

（2）工件材料的性质　例如，经淬火后的加工表面，一般用磨削的方法加工；而有色金属材料如铜、铝等，由于容易堵塞砂轮，不宜采用磨削加工，常采用高速精车、精镗、精铣的方法进行加工。

（3）生产类型　所选择的加工方法要与生产类型相适应，即应考虑生产率和经济性问题。例如：大批量生产应选用生产率高且质量稳定的专用设备和工艺装备进行加工；单件、小批生产则应选择设备和工艺装备易于调整、准备工作量少，工人便于操作的加工方法。

（4）生产条件　选择加工方法时，还应考虑本企业的现有设备情况和生产条件。要充分利用企业现有设备和工艺手段，节约资源，发挥技术人员的创造性，挖掘企业潜力，重视新技术、新工艺，不断提高企业的工艺水平。

一般来说，对于要求精度高、表面粗糙度值小的工件外圆，仅用一种加工方法往往达不到其规定的技术要求。这些表面必须经过粗加工、半精加工、精加工等，以逐步提高其加工精度。不同加工方法有序的组合即为加工方案。

2. 外圆表面的加工方案

外圆表面的加工方案大致分为以下几种：

（1）低精度的加工方案

对加工精度低、表面粗糙度值较大的零件外圆表面，经粗车即可达到要求。加工精度可达 IT10～IT9，表面粗糙度可达 Ra6.3～3.2μm，主要用于各类零件的粗加工。

（2）中等精度的加工方案

对于非淬火钢件、铸铁件及有色金属件的外圆表面，加工方案为粗车－半精车－精车。加工精度可达 IT9～IT8，表面粗糙度可达 Ra3.2～1.6μm。

（3）较高精度的加工方案

对于加工精度较高的淬火钢件、非淬火钢件及铸铁件外圆表面，加工方案为粗车－半精车—磨削。加工精度可达 IT8~IT7，表面粗糙度可达 Ra1.6~0.8μm。

（4）高精度的加工方案

对于更高精度的钢件和铸铁件，除了车削和磨削外，还需增加精磨和超精加工等工序，加工方案为粗车—半精车—粗磨—精磨—精密磨削。加工精度可达 IT6~IT5，表面粗糙度可达 Ra0.16~0.01μm。

3. 加工方案选择的原则

加工方案的选择原则是保证加工质量、生产率和经济性。

加工经济精度和表面粗糙度是指正常的加工条件下（符合质量的标准设备、工艺装备、标准技术等级的技术工人和合理的工时定额）所能达到的加工精度和表面粗糙度。

表 1-14 所示为外圆柱面加工方法和加工方案所能达到的加工经济精度、表面粗糙度及适用范围，选用时可以作为参考。但值得注意的是，加工经济精度的数值往往随着工艺技术的不断改进而变化。

表 1-14　外圆柱面加工方案

序号	加工方案	加工经济精度（公差等级）	表面粗糙度 Ra（μm）	适用范围
1	粗车	IT13~IT11	12.5~50	适用于淬火钢以外的各种金属
2	粗车—半精车	IT10~IT8	3.2~6.3	
3	粗车—半精车—精车	IT8~IT7	0.8~1.6	适用于淬火钢以外的各种金属
4	粗车—半精车—精车—滚压（或抛光）	IT8~IT7	0.25~0.2	
5	粗车—半精车—磨削	IT8~IT7	0.4~0.8	主要用于淬火钢，也可用于未淬火钢，但不宜加工有色金属
6	粗车—半精车—粗磨—精磨	IT7~IT6	0.1~0.4	
7	粗车—半精车—粗磨—精磨—超精加工	IT6~IT5	0.012~0.1	
8	粗车—半精车—精车—精细车（金刚车）	IT7~IT6	0.025~0.4	主要用于要求较高的有色金属加工
9	粗车—半精车—粗磨—精磨—超精磨（或镜面磨）	IT5 以上	<0.025	主要用于极高精度的钢和铸铁加工
10	粗车—半精车—粗磨—精磨—研磨	IT5 以上	<0.1	

七、思考与练习

（一）填空题

1. 数控车床常用的加工方案有_____、_____、_____、_____。

2. 通常外圆表面的车削加工可分为_____、_____、_____和_____四个加工阶段。

3. 在设计图样上所采用的基准称为_____。

4. _____是由一个间接得到的尺寸和若干个直接得到的尺寸所组成。

5. 精密加工一般指被加工工件的尺寸精度为 0.3~3μm，公差等级_____级以上，表面粗糙度值达到 Ra0.3～0.03μm 的加工方法。

（二）选择题

1．在机床上加工零件，下列工序划分的方法中不正确的是（   ）。

    A．按所用刀具划分   B．按批量大小划分

    C．按粗、精加工划分   D．按加工部位划分

2．光整加工的加工精度可达到（   ）级以上。

    A．IT5   B．IT6   C．IT7   D．IT8

3．（   ）基准应避免重复使用，在同一尺寸方向上通常只允许使用一次。

    A．粗   B．精

    C．定位   D．测量

4．（   ）是用研磨工具和研磨剂，从工件上研去一层极薄表面材料的精密加工方法。

    A．超精加工   B．研磨

    C．精加工   D．光整加工

（三）简答题

1．数控加工工艺处理的原则是什么？

2．工序安排一般应按什么原则进行？

3．确定图 1-34 所示销轴零件外圆表面的加工方案。

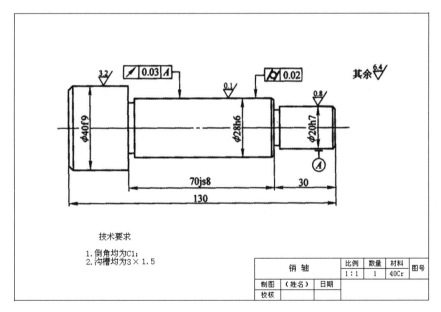

图 1-34 销轴

4．确定图 1-35 所示心轴零件外圆表面的加工方案。

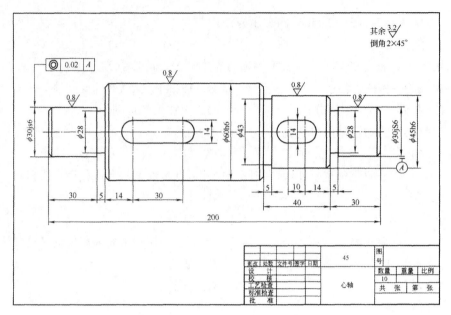

图 1-35　心轴

任务 5　编制螺纹轴的加工工艺

一、任务描述

拟定了工艺路线，就要对其中的每一道工序进行详细设计，决定其工序内容。工序设计包括加工余量的确定、工序尺寸及公差的确定、切削用量的确定等。根据螺纹轴的技术要求，依据零件的工艺性分析，试计算外圆表面最终加工工序的加工余量、确定工序尺寸和公差，完成螺纹轴数控加工工艺卡的编制。

二、任务资讯

（一）确定切削用量

数控车床加工中的切削用量是表示车床主运动和进给运动速度大小的重要参数，包括背吃刀量、切削速度和进给量。

在加工程序的编制工作中，选择好切削用量，使背吃刀量、切削速度和进给量三者间能互相适应，形成最佳切削参数，是工艺处理的重要内容之一。

1. 背吃刀量的确定

在"机床—夹具—刀具—零件"这一工艺系统刚性允许的条件下，应尽可能选取较大的背吃刀量，以减少走刀次数，提高生产效率。当零件的精度要求较高时，则应考虑适当留出精车余量，其所留精车余量一般比普通车床车削时所留余量小，常取 0.1～0.5mm。

2. 切削速度、主轴转速的确定

切削速度是指切削时，车刀切削刃上某一点相对待加工表面在主运动方向上的瞬时速

度，又称为线速度。确定加工时的切削速度除了参考表 1-15 列出的数值外，主要根据实践经验来确定。

表 1-15　切削速度参考表

零件材料	刀具材料	背吃刀量 $a_p/$（mm）			
		0.12～0.38	0.38～2.40	2.40～4.70	4.70～9.50
		进给量 $f/$（mm/r）			
		0.05～0.13	0.13～0.38	0.38～0.76	0.76～1.30
		切削速度 $v/$（m/min）			
低碳钢	高速钢	—	70～90	45～60	20～40
	硬质合金	215～365	165～215	120～165	90～120
中碳钢	高速钢	—	45～60	30～40	15～20
	硬质合金	130～165	100～130	75～100	55～75
灰铸铁	高速钢	—	35～45	25～35	20～25
	硬质合金	135～185	105～135	75～105	60～75
黄铜青铜	高速钢	—	85～105	70～85	45～70
	硬质合金	215～245	185～215	150～185	120～150
铝合金	高速钢	105～150	70～105	45～70	30～45
低碳钢	高速钢	—	70～90	45～60	20～40

　　主轴转速的确定方法，除螺纹加工外，与普通车削加工一样，可根据零件上被加工部位的直径、零件结构和刀具的材料、加工要求等条件所允许的切削速度来确定。在实际生产中，主轴转速可按下式计算：

$$n = \frac{1000v}{\pi d}$$

式中：n——工件或刀具每分钟转速（r/min）；d——工件待加工表面直径或刀具的最大直径（mm）；v——切削速度（m/min）。

　　车削螺纹时，车床的主轴转速受螺纹螺距（或导程）的大小、驱动电机的降频特性及螺纹插补运算速度等多种因素的影响，故对于不同的数控系统，推荐的主轴转速范围会有所不同，如大多数经济型数控车床数控系统车螺纹时的主轴转速要求如下：

$$n \leqslant \frac{1200v}{P} - k$$

式中：P——螺纹的螺距或导程（mm），英制螺纹为换算后的 mm 值；k——保险系数，一般取 80。v——切削速度（m/min）。

　　3. 进给量的确定

　　进给量是指工件每转一周，车刀沿进给方向移动的距离（mm/r）。它与背吃刀量有着较密切的关系。

　　（1）进给量的选择原则

1）在满足表面质量的情况下，为提高生产效率，可选择较高的进给量。

2）切断、车削深孔或用高速钢刀具车削时，宜选择较低的进给量，如切断时取 0.05～0.2mm/r。

3）刀具空行程，特别是远距离"回零"时，可设定尽量高的进给量。

4）在粗车时进给量的取值可大一些，精车应小一些，如一般粗车时取 0.3～0.8mm/r。

5）进给量应与切削速度和背吃刀量相适应。

（2）进给速度的确定

进给速度 f_v 包括纵向进给速度 f_z 和横向进给速度 f_x。进给速度的计算公式为：

$$F = nf \quad (\text{mm/min})$$

进给量与进给速度可以进行相互换算，其换算公式为 mm/r=（mm/min）/n 或 mm/min=n（mm/r），n 为主轴转速。

（二）确定加工余量

工序尺寸是指某一个工序加工应达到的尺寸，其公差即为工序尺寸公差，各个工序的加工余量确定后，即可确定工序尺寸及公差。

工件从毛坯加工到成品的过程中，要经过多道工序，每道工序都将得到相应的工序尺寸。制订合理的工序尺寸和公差是确保加工工艺规程、加工精度和加工质量的重要内容。工序尺寸及公差可根据加工基准情况分别予以确定。

1. 根据零件图的设计尺寸及公差确定工序尺寸及公差

利用零件图的设计尺寸及公差作为工序尺寸及公差。例如，轴类零件的精加工工序，就可直接用零件图上标注的直径尺寸及公差作为该工序对零件加工直径的要求。

2. 在确定加工余量的同时确定工序尺寸及其公差

对于加工内、外圆柱面和某些平面，在确定加工余量的同时确定工序尺寸及其公差。确定时只需考虑各工序的加工余量和该种加工方法所能达到的经济精度，确定顺序是从最后一道工序开始向前推算，其步骤如下：

（1）确定各工序余量和毛坯总余量。

（2）确定各工序尺寸公差及表面粗糙度。

最终工序尺寸公差等于设计公差，表面粗糙度为设计表面粗糙度。其他工序公差和表面粗糙度按此工序加工方法的经济精度和经济表面粗糙度确定。

（3）求工序的基本尺寸。

从零件图的设计要求开始，一直往前推算至毛坯尺寸，某工序基本尺寸等于后道工序基本尺寸加上或减去后道工序基本余量。

（4）标注工序尺寸公差。

最后一道工序按设计尺寸公差标注，其余工序尺寸按"单向入体"原则标注。

3. 基准不重合时工序尺寸及公差的确定

当机械加工过程中的定位基准、测量基准等与设计基准（工序基准）不重合时，工序尺寸及公差的确定要用工艺尺寸链来进行计算。

（1）工艺尺寸链的定义与组成

1）尺寸链的定义。

尺寸链是机器装配或零件加工过程中，由若干相互连接的尺寸形成的尺寸组合。由零件加工过程中相互连接的尺寸形成的尺寸组合即为工艺尺寸链。下列所述内容即为工艺尺寸链的有关问题，以下简称尺寸链。

图 1-36（a）所示台阶形零件的 A_1、A_0 尺寸在零件图中已注出。当上、下表面加工完毕，使用表面 M 作定位基准加工表面 N 时，需要确定尺寸 A_2，以便按该尺寸对刀后用调整法加工 N 面。尺寸 A_2 及公差虽未在零件图中注出，但却与尺寸 A_1 和 A_0 相互关联，它们的关系可用图 1-36（b）所示的尺寸链表示出来。

2）工艺尺寸链的特征。

①工艺尺寸链是由一个间接得到的尺寸和若干个直接得到的尺寸所组成。如图 1-36（b）所示，尺寸 A_1、A_2 是直接得到的尺寸，而 A_0 是间接得到的尺寸。间接得到的尺寸和加工精度受直接得到的尺寸大小和加工精度的影响，并且间接得到的尺寸的加工精度低于任何一个直接得到的尺寸的加工精度。

②尺寸链一定是封闭的且各尺寸按一定的顺序首尾相连。即尺寸链包含两个特性：一是尺寸链中各尺寸应构成封闭形式；二是尺寸链中任何一个尺寸变化都直接影响其他尺寸的变化。

3）尺寸链的组成。

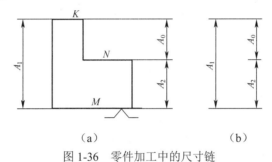

图 1-36 零件加工中的尺寸链

①环 列入尺寸链的每一尺寸，如图 1-36（b）中的 A_1、A_2、A_0。

②封闭环 在加工过程中间接获得的一环，每个尺寸链必须有且仅能有一个封闭环，如图 1-36（b）中的 A_0。

③组成环 除封闭环外的全部其他环，如图 1-36（b）中的 A_1、A_2。

④增环 在所有组成环中，如果某一环的增大会引起封闭环的增大，其减小会引起封闭环的减小，则该环即为增环。通常在增环符号上标以向右的箭头表示该环，如 $\overrightarrow{A_1}$。

⑤减环 在所有组成环中如果某一环的增大会引起封闭环的减小，其减小会引起封闭环的增大，则该环即为减环。通常在减环符号上标以向左的箭头表示该环，如 $\overleftarrow{A_2}$。

4）增环和减环的判断。

在尺寸链的组成环中，增环和减环的判断可根据其定义进行，如上述判断方法，该方法主要用于尺寸链中总环数较少的尺寸链。也可用画"箭头"的方法进行判断，尺寸链环数较多时可采用该方法，具体如下：在尺寸链图上先给封闭环任意定出方向并画出箭头，然后顺这个箭头方向环绕尺寸链形成一个回路，依次给每个组成环画出箭头。此时，凡是与封闭环箭头相反的组成环为增环，相同的为减环，如图 1-37 所示（其中 A_0 为封闭环）。

由图 1-37 可知，A_3、A_5、A_8 方向与 A_0 方向相反，是增环；A_1、A_2、A_4、A_6、A_7 方向与 A_0 方向相同，是减环。

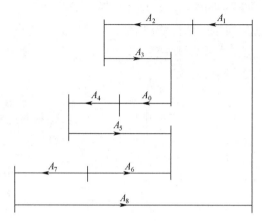

图 1-37　增环和减环的判断

（2）工艺尺寸链的建立

在利用尺寸链解决有关工序尺寸及公差的计算问题时，首先应建立工艺尺寸链，一旦工艺尺寸链建立了，求解尺寸链是很容易的。在工艺尺寸链的建立过程中首先要做的工作就是正确确定封闭环，然后就是查找出所有的组成环。封闭环的判定和组成环的查找必须引起初学者的重视。因为如果封闭环判定错误，整个尺寸链求解将得出错误的结果；组成环查找不对，将得不到最少环数的尺寸链，求解结果也是错误的。

1）封闭环的判定。

在工艺尺寸链中，封闭环是加工过程中间接形成的尺寸。因此封闭环是随着零件加工方案的变化而变化的。仍以图 1-36 所示零件为例，由上面分析可知，图中标注尺寸为 A_1、A_0，零件的 M、K 面已加工好，以 M 面为定位基准加工 N 面时 A_0 为封闭环；如果该零件的标注尺寸为 A_1、A_2，其加工方案为：先加工好 M、K 面后以 K 面为定位基准加工 N 面，则封闭环为 A_2。又如图 1-38 所示零件，当以工件表面 3 定位加工表面 1 时获得尺寸 A_1，然后以表面 1 为测量基准加工表面 2 而直接获得尺寸 A_2，则间接获得的尺寸 A_0 为封闭环。但是如果以加工过的表面 1 为测量基准加工表面 2，直接获得尺寸 A_2，再以表面 2 为定位基准加工表面 3 直接获得尺寸 A_0，此时尺寸 A_1 便为间接形成的尺寸而成为封闭环。所以封闭环的判定必须根据零件加工的具体方案，紧紧抓住"间接形成"这一要领。

2）组成环的查找。

组成环查找的方法是：从构成封闭环的两表面开始，同步地按照工艺过程顺序，分别向前查找各表面最后一次加工的尺寸，之后再进一步查找此加工尺寸的工序基准最后一次加工时的尺寸，如此继续向前查找，直到两条路线最后得到的加工尺寸的工序基准重合（即重合的工序基准为同一表面），至此上述尺寸系统即形成封闭轮廓，从而构成了工艺尺寸链。

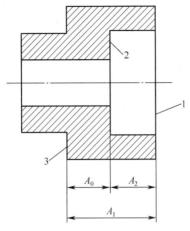

图 1-38　封闭环的判定

查找组成环必须掌握的基本要点是：组成环是加工过程中"直接获得"的，而且对封闭环有影响。下面仍以前述图 1-36（a）所示零件为例，说明工艺尺寸链中组成环的查找方法。如果该零件有关高度方向尺寸的加工顺序如下：①以 K 面定位铣削 M 面，保证 M 面、K 面之间的尺寸大于 A_1（增加一后续工序的加工余量）；②以 M 面为定位基准铣削表面 K，保证尺寸 A_1；③以 M 面为定位基准铣削 N 面，保证尺寸 A_2，同时保证尺寸 A_0。

由以上工艺过程可知，加工过程中尺寸 A_0 是间接获得的，是封闭环。从构成该尺寸的两端面 K 面、N 面开始查找组成环。K 面的最近一次加工即为铣削加工，工艺基准是 M 面，直接获得的尺寸是 A_1。N 面最近一次加工是铣削加工，工艺基准也是 M 面，直接获得的尺寸为 A_2。至此，两个加工面的工序基准都是 M 面，即两个方向的工序基准重合了，组成环查找完毕，即 A_1、A_2 和 A_0 构成了尺寸链。

上述查找工艺尺寸链组成环的例子只有两环，比较简单，当组成环数较多时方法是一样的，这里不做具体介绍。

3）尺寸链的计算。

①正计算　已知全部组成环的尺寸及偏差，计算封闭环尺寸及公差。尺寸链正计算主要用于设计尺寸校验。

②反计算　已知封闭环尺寸及偏差，计算各组成环尺寸及偏差。由于尺寸链的计算公式就是一元一次方程，只能求解一个未知数，而组成环数量大于一，因此必须有另外的附加条件才能求解。该方法主要用于根据机器装配精度确定各零件尺寸及偏差的设计计算。

③中间计算　已知封闭环及某些组成环的尺寸及偏差，计算某一未知组成环的尺寸及偏差。求解工艺尺寸链一般用中间计算。

4）极值法解尺寸链的基本计算公式。

尺寸链计算方法有极值法和概率法两种。极值法适用于组成环数较少的尺寸链计算，而概率法适用于组成环较多的尺寸链计算。工艺尺寸链计算主要应用极值法。

①封闭环的基本尺寸　封闭环的基本尺寸 A_0 等于所有增环基本尺寸之和减去所有减环基本尺寸之和，即

$$A_0 = \sum_{i=1}^{m} \vec{A_i} - \sum_{j=m+1}^{n-1} \overleftarrow{A_j}$$

式中：A_0——封闭环的基本尺寸；A_i——组成环中增环的基本尺寸；A_j——组成环中减环的基本尺寸；m——增环数；n——封闭环在内的总环数。

②封闭环的极限尺寸　封闭环的最大极限尺寸等于所有增环的最大极限尺寸之和减去所有减环最小极限尺寸之和。其最小极限尺寸等于所有增环最小极限尺寸之和减去所有减环最大极限尺寸之和，即

$$A_{0\max} = \sum_{i=1}^{m} \vec{A}_{i\max} - \sum_{j=m+1}^{n-1} \overleftarrow{A}_{j\min}$$

$$A_{0\min} = \sum_{i=1}^{m} \vec{A}_{i\min} - \sum_{j=m+1}^{n-1} \overleftarrow{A}_{j\max}$$

式中：$A_{0\max}$，$A_{0\min}$——封闭环的最大及最小极限尺寸；$\vec{A}_{i\max}$，$\vec{A}_{i\min}$——增环的最大及最小极限尺寸；$\overleftarrow{A}_{j\min}$，$\overleftarrow{A}_{j\max}$——减环的最大及最小极限尺寸。

③封闭环的极限偏差　封闭环的上偏差等于所有增环上偏差之和减去所有减环下偏差之和；封闭环的下偏差等于所有增环下偏差之和减去所有减环上偏差之和，即

$$ES_{A_0} = \sum_{i=1}^{m} E\vec{S}_{A_i} - \sum_{j=m+1}^{n-1} E\overleftarrow{I}_{A_j}$$

$$EI_{A_0} = \sum_{i=1}^{m} E\vec{I}_{A_i} - \sum_{j=m+1}^{n-1} E\overleftarrow{S}_{A_j}$$

式中：ES_{A_0}，EI_{A_0}——封闭环的上、下偏差；$E\vec{S}_{A_i}$，$E\vec{I}_{A_i}$——增环的上、下偏差；$E\overleftarrow{S}_{A_j}$，$E\overleftarrow{I}_{A_j}$——减环的上、下偏差。

④封闭环的公差　封闭环的公差等于各组成环公差之和，即

$$T_0 = \sum T_i$$

式中：T_0——封闭环公差；T_i——组成环公差。

5）工艺尺寸链的解题步骤。

①确定封闭环。解工艺尺寸链问题时，能否正确找出封闭环是求解的关键。

②查明全部组成环，画出尺寸链图。

③判定组成环中的增、减环，并用箭头标出。

④利用基本计算公式求解。

下面的实例为应用工艺尺寸链确定工序尺寸及公差。

图1-39（a）所示零件以底面 N 为定位基准镗孔，确定孔位置的设计基准是 M 面（设计尺寸为 100 ± 0.15mm）。用镗夹具镗孔时，镗杆相对于定位基准 N 的位置（A_1）预先由夹具确定。设计尺寸 A_0 是在 A_1、A_2 确定后间接得到的，问如何确定尺寸 A_1 及公差才能使间接获得的尺寸 A_0 在规定的公差范围之内？

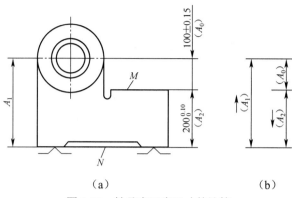

（a）　　　　　　　　（b）

图 1-39　轴承座工序尺寸的计算

解：（1）判断封闭环并画尺寸链图

根据加工情况，设计尺寸 A_0 是加工过程间接获得的尺寸，因此 A_0（100±0.15mm）是封闭环。然后从组成尺寸链的任一端出发，按顺序将 A_0、A_1、A_2 连接为一封闭尺寸组，即为求解的工艺尺寸链图 1-39（b）。

（2）判定增、减环

由定义或画箭头的方法可判定 A_1 为增环，A_2 为减环，将其标在尺寸链图上。

（3）按公式计算工序尺寸 A_1。基本尺寸由式 $A_0 = \sum_{i=1}^{m} \overrightarrow{A_i} - \sum_{j=m+1}^{n-1} \overleftarrow{A_j}$ 可得

$$100\text{mm} = A_1 - 200\text{mm}$$

故　$A_1 = (100+200)\text{mm} = 300\text{mm}$

（4）按公式计算工序尺寸 A_1 的极限偏差

由式 $ES_{A_0} = \sum_{i=1}^{m} E\overrightarrow{S}_{A_i} - \sum_{j=m+1}^{n-1} E\overleftarrow{I}_{A_j} = \sum_{i=1}^{m} E\overrightarrow{I}_{A_i} - \sum_{j=m+1}^{n-1} E\overleftarrow{S}_{A_j}$

得

$$0.15\text{mm} = ES_{A_1} - 0$$
$$-0.15\text{mm} = ES_{A_1} - 0.10\text{mm}$$

故 A_1 的上、下偏差分别为

$$ES_{A_1} = 0.15\text{mm}$$

$$ES_{A_1} = -0.15\text{mm} + 0.10\text{mm} = -0.05\text{mm}，$$

因此 A_1 的尺寸应为 A_1 中心高按双向标注，$A_1 = (300.05 \pm 0.10)\text{mm}$。

（三）加工余量

1. 加工余量的确定

（1）加工余量的基本概念

加工余量是指在加工过程中从加工表面切去的材料层厚度。加工余量主要分为工序余量和加工总余量。工序尺寸指本工序加工后所应达到的尺寸。

1）工序余量。

工序余量是相邻两工序的工序尺寸之差，即在一道工序中从某一加工表面切除的材料层厚度。

对于非对称的加工表面，如图 1-40（a）（b）所示的加工余量称为单边余量。

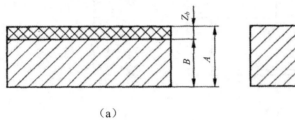
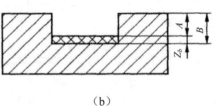

（a）　　　　　　　　　　　　　　　（b）

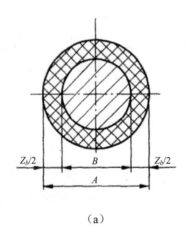
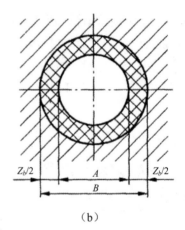

（a）　　　　　　　　　　　　　　　（b）

图 1-40　加工余量

计算工序余量 Z_b 时，其工序余量的计算式如下：

对于外表面：　　　　　　　　　$Z_b = A - B$

对于内表面：　　　　　　　　　$Z_b = B - A$

式中：Z_b——本工序的单边加工余量；A——上道工序的工序尺寸；B——本工序的工序尺寸。

对于回转体的加工表面，如图 1-40（c）（d）所示的加工余量称为双边余量。计算工序余量 Z_b 时，其工序余量的计算式如下：

对于外圆表面（轴）：　　　　　$2Z_b = A - B$

对于内圆表面（孔）：　　　　　$2Z_b = B - A$

式中：Z_b——双边（直径方向上的）加工余量；A——上道工序的工序尺寸（直径）；B——本工序的工序尺寸（直径）。

2）加工总余量。

加工总余量是指各个加工工序余量的总和，也就是从毛坯变成成品的整个加工过程中，某一加工表面上所切除的材料总厚度。即

$$Z_总 = Z_1 + Z_2 + \cdots + Z_n$$

式中：$Z_总$——加工总余量；Z_1，Z_2，$\cdots$，Z_n——各道工序余量。

（2）工序的加工余量与工序尺寸的关系

由于毛坯制造和各个工序尺寸都不可避免存在误差，因而无论总加工余量还是工序余量都是一个变动量，即有最大加工余量和最小加工余量之分。只标基本尺寸的加工余量称为基本余量或公称余量，如图 1-41 表示了工序加工余量与工序尺寸的关系。

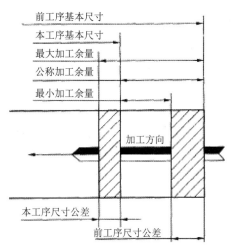

图 1-41　工序加工余量与工序尺寸的关系

从图中可以看出：

公称加工余量是相邻两工序基本尺寸之差；最小加工余量是前工序最小工序尺寸和本工序最大工序尺寸之差；最大加工余量是前工序最大工序尺寸和本工序最小工序尺寸之差。

工序余量公差等于前工序与本工序两工序尺寸公差之和。

工序尺寸的公差带一般采用"入体原则"标注。"入体原则"是指标注工件尺寸公差时应向材料实体方向单向标注。就是轴的基本尺寸为其最大实体尺寸，即其上偏差为 0；孔的基本尺寸为其最大实体尺寸，即其下偏差为 0；长度尺寸的公差带为对称分布。但对于磨损后无变化的尺寸，一般标注双向偏差。如图 1-42、图 1-43 所示。

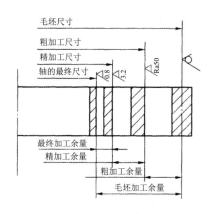

图 1-42　轴的公差带位置

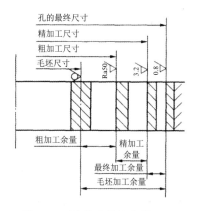

图 1-43　孔的公差带位置

（3）影响加工余量的因素

加工余量的大小对零件的加工质量、生产率和加工成本有较大的影响。加工余量过大，会造成机床设备和刀具的磨损、材料的消耗，降低生产率、使成本增加；加工余量过小，不能全部消除上道工序的加工误差和表面缺陷，产生废品。因此，应当合理确定加工余量。

为了合理确定加工余量，必须了解影响加工余量的因素。影响加工余量的因素有以下几个方面：

1）前道工序的表面粗糙度 Ra 和表面层缺陷层厚度 T_a。

如图 1-44 所示，为了保证加工质量，本道工序必须将前道工序留下的表面粗糙度 Ra 和缺陷层 T_a 切除。在某些光整加工中，该项因素甚至是决定加工余量的唯一因素。

2）前道工序的尺寸公差 δ_a。

由于工序尺寸的公差是按"入体原则"标注，尺寸公差 δ_a 在工序尺寸的入体方向，如图 1-42、图 1-43 所示，因此，本道工序的加工余量应包括前道工序的尺寸公差 δ_a。

3）前道工序的形位误差 ρ_a。

当工件上形状和位置偏差不包括在尺寸公差的范围内时，这些误差又必须在本道工序加以纠正，在本道工序的加工余量中必须包括前道工序的形位误差 ρ_a。如图 1-45 所示，当轴线有直线度误差 δ 时，须在本道工序中纠正，因而直径方向的加工余量应增加 2δ。

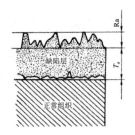
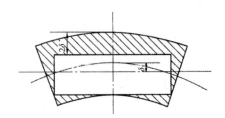

图 1-44   表面粗糙度与缺陷层   图 1-45   轴线弯曲对加工余量的影响

4）本工序的安装误差 ε_b。

安装误差包括本道工序加工时的定位误差和夹紧误差，若使用夹具进行装夹，还会有夹具在机床上的安装误差。如图 1-46 所示，由于三爪自定心卡盘定心不准，使工件轴线偏离主轴轴线 e，造成孔的加工余量不足，为确保加工质量，孔的直径余量应增加 $2e$。

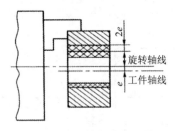

图 1-46   工件的安装误差

在上述误差中，前道工序的形位误差 ρ_a 和本道工序的装夹误差 ε_b 属于空间误差，具有方向性，它们的合成应是向量和，记作 $|\rho_a + \varepsilon_b|$。

因此，加工余量的组成可按下式计算：

双边余量：　　　$2Z_b \geqslant \delta_a + 2(R_a + T_a) + 2|\rho_a + \varepsilon_b|$

单边余量：　　　$Z_b \geqslant \delta_a + (R_a + T_a) + |\rho_a + \varepsilon_b|$

特殊情况下，当使用浮动铰刀或拉刀加工孔时，由于不能修正孔的位置误差，且无装夹误差，因此，加工余量计算公式应为：

$$2Z_b \geqslant \delta_a + 2(R_a + T_a)$$

当进行孔的光整加工时，若以降低表面粗糙度为主要目的（如抛光等），加工余量只由表面粗糙度值决定：

$$2Z_b \geqslant 2R_a$$

（4）确定加工余量的方法

确定加工余量的基本原则是：在保证加工质量的前提下，加工余量越小越好。实际工作中，确定加工余量的方法有以下三种：

1）查表修正法　根据有关工艺手册或生产实践积累的相关加工余量资料数据为基础，再结合实际生产条件加以修正来确定加工余量。该方法在生产中应用广泛。

2）经验估计法　根据工艺人员本身积累的经验确定加工余量。为了防止加工余量过小而产生废品，一般所估计的加工余量会偏大。该方法主要适用于单件、小批量生产。

3）分析计算法　根据理论公式和一定的试验资料，对影响加工余量的各因素进行分析、计算来确定加工余量。这种方法较合理，但需要全面可靠的试验资料，计算复杂，所以该方法一般应用较少。

2. 工序尺寸及公差的确定

当工序基准或定位基准与设计基准重合时，工序尺寸及其公差由各工序的加工余量和所能达到的经济精度确定。其计算步骤如下：

（1）确定毛坯总余量和各工序余量

（2）确定各工序的工序尺寸

零件表面经最后一道工序加工后，应该达到其设计要求，所以零件加工表面最后一道工序的工序尺寸及公差应为零件上该表面的设计尺寸和公差。中间工序的工序尺寸需要由计算确定，其计算方法是由最后一道工序逐步向前推算。

（3）确定各工序的尺寸公差及表面粗糙度

最后一道工序的工序尺寸公差等于零件图样上设计尺寸公差，表面粗糙度为设计表面粗糙度；中间工序尺寸公差及表面粗糙度按加工经济精度和经济表面粗糙度确定。

（4）标注各工序尺寸公差

中间工序尺寸的上、下偏差按"入体原则"确定，即对于外尺寸（轴），上偏差为零，下偏差取负值；对于内尺寸（孔），下偏差为零，上偏差取正值。

（四）时间定额的确定

1. 时间定额的概念

所谓时间定额是指在一定生产条件下，规定生产一件产品或完成一道工序所消耗的时间，用 T_j 表示。它是安排生产计划、核算生产成本、确定设备数量、人员编制以及规划生产面积的重要依据。

2. 时间定额的组成

（1）基本时间 T_j

基本时间是指直接改变生产对象的尺寸、形状、相对位置以及表面状态或材料性质等工艺过程所消耗的时间。对于切削加工而言，基本时间是指切除金属材料所消耗的机动时间（包括刀具的切入和切出时间在内）。

（2）辅助时间 T_f

辅助时间是为实现工艺过程所必须进行的各种辅助动作所消耗的时间。辅助动作包括装卸工件、开停机床、引进或退出刀具、改变切削用量、试切和测量工件等所消耗的时间。

基本时间和辅助时间的总和称为作业时间，即直接用于制造产品或零、部件所消耗的时间。

辅助时间的确定方法主要取决于生产类型。大批量生产时，为使辅助时间规定得合理，需将辅助动作分解，再分别确定各分解动作的时间，最后予以综合；中批量生产时，可根据以往统计资料来确定；单件、小批量生产时，常用基本时间的百分比进行估算，并在实际生产中进行修改，使之趋于合理。

（3）布置工作地时间 T_b

布置工作地时间是为了使加工正常进行，工人照管工作地（如更换刀具，润滑机床，清理切屑，收拾工具等）所消耗的时间。它不是直接消耗在每个零件上的。而是消耗在一个工作班内的时间，再折算到每个零件上的。一般按作业时间的2%～7%估算。

（4）休息与生理需要时间 T_x

休息与生理需要时间是工人在工作班内恢复体力和满足生理上的需要所消耗的时间。T_x 是按一个工作班为计算单位，再折算到每个零件上。对机床操作工人来说，一般按作业时间的2%估算。

（5）准备与终结时间 T_e

准备与终结时间是指工人为了生产一批产品或零部件，进行准备和结束工作所消耗的时间。在加工一批产品时，包括工人熟悉工艺文件、领取毛坯材料和工艺装备、安装刀具和夹具、调整机床等准备工作以及拆下和归还工艺装备、送交成品等结束工作所消耗的时间。它不是直接消耗在每个工件上的，而是消耗在一批工件上的时间，因而分解到每个工件的时间为 T_e/n，其中 n 为批量。

综上所述，单个工件的时间定额计算方法为：

$$T = T_j + T_f + T_b + T_x + T_e/n$$

三、任务分析

通过分析加工余量、工时定额、切削用量等，编制螺纹轴的加工工艺卡。

四、任务实施

(一)任务准备

(1)准备《数控加工工艺制订与实施》相关教学资料,包括教材、教参、工作任务书等。

(2)准备教学用辅具、典型轴类零件。

(3)准备生产资料,包括机床设备、工艺装备等。

(4)安全文明教育。

(二)任务实施

编制螺纹轴的数控加工工艺方案,见表1-16。

表1-16 螺纹轴的数控加工工艺

零件名称	螺纹轴	零件图号		工件材质	45号钢	
工序号	夹具名称	自定心卡盘		车间		
工步号	工步内容	刀具号	主轴转速/ (r/min)	进给量/ (mm/r)	背吃刀量/ (mm)	备注
	夹持毛坯外圆					
1	车零件左端面	T01	800	0.2	1	自动
2	粗车零件左端外圆	T01	800	0.25	1.5	自动
3	钻中心孔	T04	1200	0.1		手动
	工件调头,夹持ϕ55外圆					
1	车零件右端面	T01	800	0.2	1	自动
2	粗车零件右端外圆	T01	800	0.25	1.5	自动
	钻中心孔	T04	1200	0.1		手动
	两顶尖装夹					
1	精车零件左端各外圆柱面及倒角	T01	1000	0.1	0.2	自动
2	车正弦曲线	T05	600		0.5	自动
3	车槽	T02	500		4	自动
4	精车零件右端各外圆柱面及倒角	T01	1000	0.1	0.5	自动
5	车槽	T02	500		4	自动
6	车M30×1.5外螺纹	T03	600			自动
7	修毛刺					
编制		审核		批准		

五、检查评估

螺纹轴的基准选择评分标准见表1-17。

表 1-17　选择螺纹轴基准的评分标准

姓名			零件名称	螺纹轴		总得分		
项目	序号		检查内容	配分	评分标准	检测记录	得分	
加工工艺	1		切削用量	20	不合理每处扣 10 分			
	2		加工余量	10	不合理每处扣 10 分			
	3		加工工艺	50	不合理每处扣 10 分			
表现	4		团队协作	10	违反操作规程全扣			
	5		考勤	10	不合格全扣			

六、知识拓展

成批生产齿轮轴工艺过程见表 1-18。

表 1-18　成批生产齿轮轴的工艺过程

序号	工序名称	工序内容	定位基准	设备
1	自由锻			
2	正火			
3	粗车	1.车左端面、钻中心孔、粗车 φ50mm 外圆及齿部外圆 2.车右端面、钻中心孔及右端面各处外圆	外圆 外圆及中心孔	卧式车床
4	调质			
5	精研顶尖孔			
6	半精车	1.半精车左端 φ50mm 外圆及齿部外圆 2.调头半精车右端各处外圆	中心孔	数控车床
7	铣键槽	铣键槽至尺寸	中心孔	铣床
8	滚齿	滚齿留 0.2mm 的磨齿余量	中心孔	滚齿机
9	热处理	齿部渗碳淬火		
10	修研顶尖孔			
11	磨外圆及台阶	磨外圆至尺寸	中心孔	外圆磨床
12	磨齿	磨齿部至尺寸	中心孔	磨齿机
13	检查	按图样要求全部检查		

七、思考与练习

（一）填空题

1. 在尺寸链中，每个组成环的公差必然_____于封闭环的公差。

2．尺寸链中，由于该环的变动引起封闭环同向变动的组成环为_____环。

3．尺寸链中，由于该环的变动引起封闭环反向变动的组成环为_____环。

4．单件时间包括_____、_____、_____、_____和生理及休息时间。

5．加工余量主要分为_____、_____。

（二）选择题

1．在所有组成环中，如果某一环的增大会引起封闭环的减小，其减小会引起封闭环的增大，则该环即为（　　）。

  A．封闭环   B．增环   C．减环

2．尺寸链按功能分为设计尺寸链和（　　）。

  A．封闭尺寸链   B．装配尺寸链

  C．零件尺寸链   D．工艺尺寸链

3．下列关于尺寸链叙述正确的是（　　）。

  A．由相互联系的尺寸按顺序排列的链环

  B．一个尺寸链可以有一个以上封闭环

  C．在极值算法中，封闭环公差大于任一组成环公差

  D．分析尺寸链时，与尺寸链中的组成环数目多少无关

4．相邻两工序的工序尺寸之差，称为（　　）。

  A．工序余量 B．加工余量 C．加工总余量

5．回转体表面的加工余量是（　　）。

  A．对称余量   B．单边余量

  C．工序余量   D．直径余量

（三）简答题

1．什么是加工余量？分为哪几种？

2．加工余量与工序尺寸有什么关系？为什么说加工余量是变化的？

3．确定加工余量应考虑哪些因素？

4．确定加工余量的方法有哪些？分别应用在什么场合？

5．加工工序尺寸怎么确定？

6．数控加工过程中的切削用量指哪些内容？如何确定？

7．什么是时间定额？时间定额是怎么组成的？

（四）分析题

如图 1-47 所示 C6136A 车床的挂轮轴零件，每批生产 200 件，试制订该零件的加工工艺规程，编写机械加工工艺过程卡。

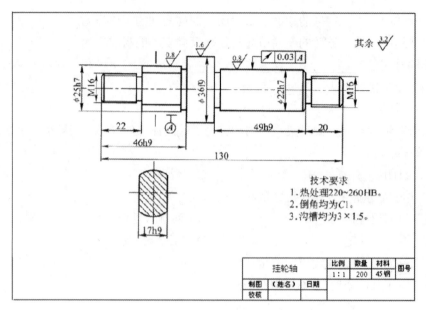

图 1-47　挂轮轴

项目二 薄壁套的数控加工工艺制订与实施

在数控车床上加工工件时往往会遇到各种各样的孔，通过钻、铰、镗、扩等操作可以加工出不同精度的工件，其加工方法简单，加工精度也比普通车床要高，因此，孔加工是数控车床上最常见的加工之一。图 2-1 所示是较典型的套类零件。套类零件是机械加工中一种常见的零件，它的应用范围很广，主要起支承和导向作用，套类零件的主要表面为同轴度要求较高的内、外圆表面，本项目主要学习内圆柱面、内圆的加工。通过图 2-1 薄壁套的加工，掌握套类零件的加工方法、机床、刀具、切削用量、加工路线选择等，编制薄壁套的加工工艺。

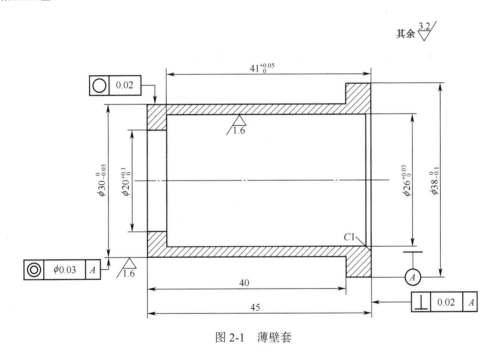

图 2-1 薄壁套

任务 1 分析薄壁套的数控加工工艺

一、任务描述

如图 2-1 所示为薄壁套的零件图，本任务以薄壁套为例，主要介绍数控加工工艺规程的制订原则、主要依据和步骤。试根据零件图给出的技术要求，正确地分析零件的主要技术要求和结构工艺性。

二、任务资讯

1. 套类零件的作用及结构特点

套类零件的应用范围很广。支承各种旋转轴的各种轴承、导向套、气缸套及液压缸等都属于套类零件（如图 2-2 所示）。

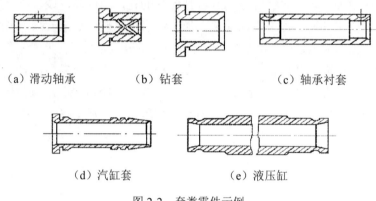

（a）滑动轴承   （b）钻套   （c）轴承衬套

（d）汽缸套   （e）液压缸

图 2-2   套类零件示例

套类零件在机器中的作用主要是支承和导向。由于功能不同，套类零件的结构和尺寸有很大区别，但结构上仍有共同的特点：零件的主要表面为同轴度要求较高的内、外旋转表面；零件壁的厚度尺寸较小且易变形；零件长度一般大于直径等。

2. 一般套类零件的主要技术要求

（1）内孔

内孔是套类零件起支承或导向作用最主要的表面，它通过与运动着的轴、刀具或活塞相配合。内孔直径尺寸精度一般为 IT7，精密轴承有时为 IT6，油缸由于与其活塞上有密封圈，要求较低，一般为 IT9 级。

内孔的形状精度，应控制在孔径公差以内，有些精密轴套控制在孔径公差的 1/3～1/2，甚至更严。该零件的形状精度要求非常高，最高处圆度公差为 0.0015mm。对于长的套类零件除了圆度要求外，还应注意圆柱度。为了保证零件的功用和提高耐磨性，内孔表面粗糙度 Ra1.6～0.1μm，有的要求更高。

（2）外圆

外圆表面一般是套类零件的支承表面，常以过盈配合或过渡配合同箱体或机架上的孔相连接。外径尺寸精度为 IT6～IT7；形状精度控制在外径公差以内；表面粗糙度 Ra3.2～0.4μm。

（3）内、外圆之间的同轴度

如果内孔的最终加工是将套筒装入机座后进行的（如连杆小端衬套），套筒内、外圆之间的同轴度要求较低；如最终加工是在装配前完成的，则要求较高，一般为 0.01～0.05mm。

（4）孔轴心线与端面的垂直度

套筒类零件的端面（包括凸缘端面）在工作中承受轴向载荷时，或虽不承受载荷但加工时作为定位面时，端面与轴心线的垂直度要求高，一般为 0.02～0.05mm。

三、任务分析

薄壁套类零件孔壁较薄，装夹过程中很容易变形，因此装夹难度较大，一般可采用以外圆定位和内孔定位夹紧的方法来完成，外圆定位时可使用特制的软卡爪装夹，内孔定位时可使用芯轴来装夹。该任务即为一薄壁套零件，零件外圆、内孔精度及表面粗糙度要求较高；右端面与 $\phi26_0^{+0.03}$ mm 孔轴线有垂直度要求，加工时应在一次装夹中完成；$\phi30_{-0.03}^0$ mm 外圆既有圆度形位公差要求，又有同轴度要求，又因内孔存在阶台，无法一次装夹工件完成全部加工内容，因此可采取先加工完零件右端面及内孔，再使用芯轴装夹完成零件外圆加工的方法。

四、任务实施

（一）任务准备

（1）准备《数控加工工艺制订与实施》相关教学资料，包括教材、教参、工作任务书等。

（2）准备教学用辅具、典型轴类零件。

（3）准备生产资料，包括机床设备、工艺装备等。

（4）安全文明教育。

（二）任务实施

1. 薄壁套的技术要求分析

（1）尺寸精度

该套类零件的尺寸精度主要有三处精度尺寸，其尺寸公差为 0.03mm，相当于 IT8 级精度，其余部位精度都低于该公差要求。

（2）位置精度

该轴的主要位置精度要求有三处，一是左端 $\phi30$mm 直径的圆柱面的圆度为 0.02mm；二是左端 $\phi30$mm 直径的轴线相对基准的同轴度为 $\phi0.03$mm；三是右端面对基准的垂直度为 0.02mm。

（3）表面粗糙度

两处精度外圆的的表面质量要求为 Ra1.6μm，其余为 Ra3.2μm。

2. 薄壁套的结构工艺性分析

薄壁套零件，生产类型为单件或小批量生产，无热处理工艺要求，薄壁套类零件孔壁较薄，该薄壁套结构简单，主要由内孔与外圆组成。

3. 薄壁套的工艺分析

因薄壁套孔壁较薄，装夹过程中很容易变形，因此装夹难度较大，一般可采用以外圆定位和内孔定位夹紧的方法来完成。

（1）以内孔定位

该薄壁套的基准是 $\phi26_0^{+0.03}$ 孔轴线，外圆、内孔精度及表面粗糙度要求较高；右端面与 $\phi26_0^{+0.03}$ mm 孔轴线有垂直度要求，加工时应在一次装夹中完成；$\phi30_{-0.03}^0$ mm 外圆既有圆度形位公差要求，又有同轴度要求，又因内孔存在阶台，无法一次装夹工件完成全部加工内容，因此可采取先加工完零件右端面及内孔，再使用芯轴或胀力芯轴装夹完成零件外圆加工的方法。

（2）以外圆定位

如果该薄壁套批量较大，可以选择以外圆定位加工内孔，采用特制软卡爪、六爪卡盘（圆形包胎），夹持薄壁套，避免夹持变形，包胎选用轻、软材料，最好使用铜、铝制品，避免夹伤工件。

4. 加工工序的安排

该任务即为一薄壁套零件，零件外圆、内孔精度及表面粗糙度要求较高；右端面与 $\phi26_0^{+0.03}$ mm 孔轴线有垂直度要求，加工时应在一次装夹中完成；$\phi30_{-0.03}^0$ mm 外圆既有圆度形位公差要求，又有同轴度要求，又因内孔存在阶台，无法一次装夹工件完成全部加工内容，因此可采取先加工完零件右端面及内孔，再使用芯轴装夹完成零件外圆加工的方法。

五、检查评估

薄壁套工艺分析评分标准，见表 2-1。

表 2-1　薄壁套工艺分析的评分标准

姓名			零件名称	薄壁套		总得分		
项目	序号		检查内容	配分	评分标准	检测记录		得分
工艺分析	1		尺寸精度	20	不正确每处扣 5 分			
	2		位置精度	20	不正确每处扣 5 分			
	3		表面粗糙度	20	不正确每处扣 5 分			
	4		零件结构	10	不正确每处扣 5 分			
	5		加工工序安排	10	不合理每处扣 1 分			
表现	6		团队协作	10	违反操作规程全扣			
	7		考勤	10	不合格全扣			

六、知识拓展

支架套的工艺分析

加工如图 2-3 所示支架套，该支架套材料为 GCr15，淬火硬度为 60HRC，零件非工作面防锈，采用烘漆，生产纲领为 100 件/年。

该零件为轴向尺寸较小的短套类零件，是某测角仪上的主体支架套，技术要求结构特点如下：主孔 $\phi34_0^{+0.007}$ mm 内安装滚针轴承的滚针及仪器主轴颈；断面 B 是止推面，要求有较小的表面粗糙度值。外圆及孔均有阶梯，并且有横向孔需要加工。外圆台阶面螺孔，用来固定转动摇臂。因传动要求精确度高，所以对孔的圆度及圆柱度有较高的要求。材料为轴承钢 GCr15，淬火硬度为 60HRC，零件的非工作面防锈，采用烘漆。

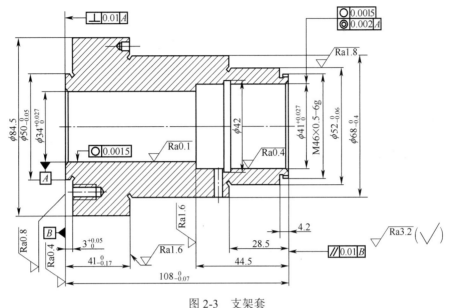

图 2-3　支架套

1. 支架套的加工技术分析

该零件为轴向尺寸较小的短套类零件，主孔 $\phi 34_0^{+0.007}$ mm 内安装滚针轴承的滚针及仪器主轴颈；断面 B 是止推面，要求有较小的表面粗糙度值。外圆及孔均有阶梯，并且有横向孔需要加工。外圆台阶面螺孔，用来固定转动摇臂。因传动要求精确度高，所以对孔的圆度及圆柱度有较高的要求。材料为轴承钢 GCr15，淬火硬度为 60HRC。

该零件加工中的主要加工面为内、外圆柱面，加工中的难点是如何保证加工面自身的要求，尤其是如何保证内、外圆柱面之间的位置关系要求，对于薄壁套类零件加工难度就更大，加工过程中要注意采取一系列的措施解决其受力变形问题。

2. 支架套的加工工艺分析

（1）加工阶段的划分

支架套加工工艺划分较细。淬火前为粗加工阶段，粗加工阶段又可分为粗车与半精车阶段。淬火后加工工艺划分也较细。在精加工阶段中，也可分为两个阶段，喷漆前为精加工阶段，喷漆后为精密加工阶段。

（2）加工顺序的安排

该支架套零件在内孔、外圆的加工顺序安排上，为了获得外圆与孔的同轴度，应考虑先加工内孔，再以内孔为基准加工外圆的加工顺序，即采用可涨心轴以孔定位，磨出各段外圆，既保证了各段外圆的同轴度，又保证了外圆与孔的同轴度。

（3）防止支架套变形的工艺措施

套筒零件的结构特点是孔壁较薄，加工中常因夹紧力、切削力、内应力和切削热等因素的影响而产生变形，防止变形的工艺措施有以下几点：

1）为减少切削力和切削热的影响，粗、精加工应分开进行，使粗加工产生的变形在精加工中得到纠正。

2）减少夹紧的影响，工艺上可采取以下措施：

①改变夹紧力的方向，将径向夹紧改为轴向夹紧。例如在该支架套零件加工中，因支架套加工精度要求很高，内孔圆度要求为 0.0015mm，任何微小的径向变形都有可能使内孔圆度超差，在该零件加工外圆时，应以左端面和内孔定位，找正外圆，轴向压紧在外圆台阶上以减小夹紧时的径向变形。

②在工件上做出增加径向刚性的辅助凸边，采用专用卡爪，加工后将凸边切去。又例如在加工具有头部凸台的套筒类零件的加工中，直接夹紧头部凸台处等。

③为减少热处理的影响，热处理工序应置于粗、精加工阶段之间，以便热处理所引起的变形在精加工时予以纠正。套筒零件热处理后，一般产生的变形较大，所以精加工的工序加工余量应适当放大。如该零件的喷漆工序，在安排上不能放在最终工序，否则将破坏精密加工所获得的加工精度及表面质量。

七、思考与练习

（一）填空题

1．套类零件在机器中的作用主要有_____、_____。

2．套类零件的共同特点是：零件的主要表面为_____要求较高的内、外旋转表面；零件壁的厚度尺寸_____；零件长度一般_____直径等。

3．薄壁套一般可采用以_____定位和_____定位夹紧的方法来完成。

4．套类零件的支承表面，常以_____配合或_____配合同箱体或机架上的孔相连接。

5．在数控车床上加工工件时往往会遇到各种各样的孔，通过_____、_____、_____、_____等可以加工出不同精度的工件。

（二）选择题

1．套类零件的车削比车削轴类难，原因有很多，其中之一是（　　）。

　　A．套类零件装夹时容易变形　　　　B．精度高　　　　C．车削用量大

2．车削同轴度高的套类零件，可采用（　　）。

　　A．台阶式心轴　　　B．小锥度心轴　　　C．涨力心轴

3．加工套类零件的定位基准是（　　）。

　　A．端面　　　　　B．外圆　　　　　C．内孔　　　　　D．外圆或内孔

4．薄壁套的技术要求分析不包括（　　）。

　　A．尺寸精度　　　B．位置精度　　　C．表面粗糙度　　　D．工艺分析

（三）简答题

1．套类零件的结构有什么特点？套类零件与空心轴有什么不同？

2．套类零件的主要位置要求是什么？如何保证其位置关系要求？

3．套类零件机械加工中的主要工艺问题是什么？如何解决？

任务 2　选择薄壁套的夹具

一、任务描述

如图 2-1 所示为薄壁套的零件图，薄壁套类零件孔壁较薄，装夹过程中很容易变形，因此装夹难度较大，一般可采用以外圆定位和内孔定位夹紧的方法来完成，外圆定位时可使用特制的软卡爪装夹，内孔定位时可使用芯轴来装夹。该任务通过分析六点定位原理及定位元件，来合理选择薄壁套的夹具。

二、任务资讯

（一）工件的六点定位原理

1. 工件定位的基本原理

（1）六点定位原理

一个尚未定位的工件，其位置是不确定的。如图 2-4 所示，在空间直角坐标系中，工件可沿 x、y、z 轴有不同的位置，也可以绕 x、y、z 轴回转。分别用 $\vec{x}$、$\vec{y}$、$\vec{z}$ 和 $\hat{x}$、$\hat{y}$、$\hat{z}$ 表示。这种工件位置的不确定性，通常称为自由度。其中 $\vec{x}$、$\vec{y}$、$\vec{z}$ 称为沿 x、y、z 轴线方向的移动自由度；$\hat{x}$、$\hat{y}$、$\hat{z}$ 称为绕 x、y、z 轴回转方向的旋转自由度。定位的任务，首先是消除工件的自由度。工件在直角坐标系中有六个自由度（$\vec{x}$、$\vec{y}$、$\vec{z}$ 和 $\hat{x}$、$\hat{y}$、$\hat{z}$），如图 2-4 所示，工件定位的实质就是要限制对加工有不良影响的自由度。设空间有一个固定点，并要求工件的顶面或底面与该点接触，那么工件沿 z 轴的移动自由度便被限制了。如果按图 2-5 所示设置六个固定点，并限定工件的三个面分别与这些点保持接触，工件的六个自由度便都被限制了。这些用来限制工件自由度的固定点称为定位支承点，简称支承点。用合理分布的六个支承点即可限制工件的六个自由度，这就是工件定位的基本原理，简称六点定位原理。

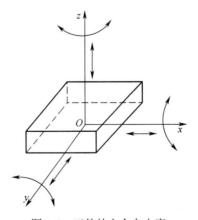

图 2-4　工件的六个自由度

支承点的分布必须合理，否则六个支承点限制不了工件的六个自由度，或不能有效地限制工件的六个自由度。例如，图 2-5 中工件底面上的三个支承点，限制了 $\vec{z}$、$\hat{x}$、$\hat{y}$，它们应放置成三角形，三角形面积越大，工件越稳定；工件侧面上的两个支承点限制了 $\vec{x}$、$\hat{z}$，它们不能垂直放置，否则，工件绕 z 轴的转动自由度 $\hat{z}$ 便不能限制；支承钉 6 限制了 $\vec{y}$。

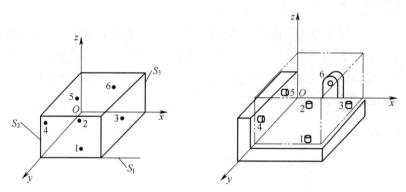

图 2-5　定位支承点分布

六点定位原理可应用于任何形状、类型的工件，具有普遍的意义。无论工件的形状和结构如何不同，它们的六个自由度都可以用六个支承点限制，只是六个支承点的分布不同而已。欲使图 2-6（a）所示零件在坐标系中取得完全确定的位置，把支承钉按图 2-6（b）所示分布，则支承钉 1、2、3、4 限制了工件的 $\vec{x}$、$\vec{z}$、$\hat{x}$、$\hat{z}$ 四个自由度，支承钉 5 限制了工件的 $\vec{y}$ 自由度，支承钉 6 限制了工件的 $\hat{y}$ 自由度。

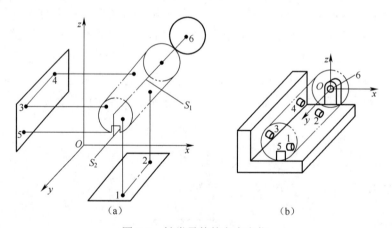

图 2-6　轴类零件的六点定位

六点定位原理是工件定位的基本原理，用于实际生产时，起支承点作用的是一定形状的几何体，这些用来限制工件自由度的几何体就是定位元件。

（2）限制工件的自由度与加工要求的关系

工件应被限制的自由度与工件被加工面的位置要求存在对应关系。当被加工面只有一个方向的位置要求时，需要限制工件的三个自由度；当被加工工件有两个方向的位置要求时，需要限制工件的五个自由度；当被加工面有三个方向的位置要求时，需要限制工件的六个自由度。另外，为保证被加工要素对基准的距离尺寸要求，所限制的自由度与工件定位基准的形状有关，而位置公差要求所需限制的自由度却与被加工要素及基准要素的形状均有关系。具体确定被加工零件所需限制自由度数量的方法是：独立拟出确保各单项距离或位置公差要求而应限制的自由度后，再按综合叠加但不重复的方法计算，便可得到为确保多项精度要求应限制的自由度数目。

例如图 2-7 所示，在工件上铣槽，它有两个方位的位置要求，为保证槽底面与 A 面的距离尺寸及平行度要求，必须限制 $\vec{z}$、$\hat{x}$、$\hat{y}$ 三个自由度。为确保槽侧面与 B 面的平行度及距离尺寸要求，必须限制工件的 $\vec{x}$、$\hat{z}$ 两个自由度。按综合叠加的方法，为保证槽的位置精度，必须限制以上五个自由度。如槽的长度有要求，则被加工面就有三个方位的位置要求，必须限制工件的六个自由度。

（3）应用六点定位原理时应注意的问题

1）正确的定位形式。

正确的定位形式是指在满足加工要求的情况下，适当地限制工件的自由度数目。如图 2-7 所示，要加工零件上的槽，如槽是不通槽，即在槽的长度方向上有尺寸要求，则工件的六个自由度 $\vec{x}$、$\vec{y}$、$\vec{z}$ 和 $\hat{x}$、$\hat{y}$、$\hat{z}$ 都应限制。这种定位称为完全定位。如果要加工的槽是通槽，则只要限制自由度 $\vec{x}$、$\vec{z}$、$\hat{x}$、$\hat{y}$、$\hat{z}$ 就可以了。这种根据零件加工要求，限制工件部分自由度的定位，称为不完全定位。

2）防止产生欠定位。

根据零件的加工要求应该限制的自由度，在实际定位时有部分（或全部）自由度未被限制的定位，称为欠定位。如图 2-7 中加工槽时，减少上述应限制的自由度中的任何一个都是欠定位。欠定位是不允许的，因为工件在欠定位的情况下，将不能保证工件对加工精度的要求。

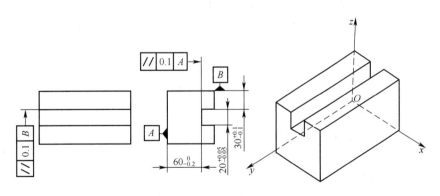

图 2-7　在工件上铣键槽

3）正确处理过定位。

如果工件在定位时，其同一自由度被多于一个的定位元件限制，这种定位称为过定位，也称为重复定位。图 2-8 所示为齿轮毛坯的定位。其中图 2-8（a）是短销、大平面定位，短销限制自由度 $\vec{x}$、$\vec{y}$，大平面限制自由度 $\vec{z}$、$\hat{x}$、$\hat{y}$，无过定位。图 2-8（b）是长销、小平面定位，长销限制自由度 $\vec{x}$、$\vec{y}$、$\hat{x}$ 和 $\hat{y}$，小平面限制自由度 $\vec{z}$，也无过定位。图 2-8c 是长销、大平面定位，长销限制自由度 $\vec{x}$、$\vec{y}$、$\hat{x}$ 和 $\hat{y}$，大平面限制自由度 $\vec{z}$、$\hat{x}$ 和 $\hat{y}$，这里的自由度 $\hat{x}$ 和 $\hat{y}$ 同时被两个定位元件限制，所以产生了过定位。

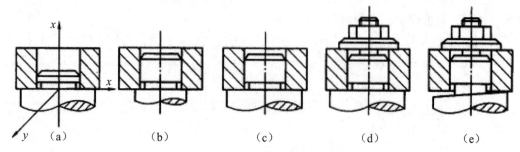

图 2-8　过定位情况分析

过定位一般是不允许的，因为它可能产生破坏定位、工件不能装入、工件变形或夹具变形等后果如图 2-8（d）（e）所示，导致一批工件在夹具中的位置不一致，影响加工精度。但如果工件与夹具定位面精度较高，过定位有时是允许的，因为它可以提高工件安装的刚度和稳定性。

2. 定位方式与定位元件

工件在实际定位时，常用的定位方式有平面定位和圆柱表面定位。

（1）工件以平面定位

1）工件以粗基准平面定位。

粗基准平面通常是指以工件毛坯的平面定位，其表面粗糙，且有较大的平面度误差。当这样的平面与定位支承面接触时，必然是随机分布的三个点接触。这三个点所围成的面积越小，其支承稳定性越差。为了控制这三个点位置，就应采用点接触的定位元件，以获得稳定的定位。但当工件上的定位基准面是狭窄的平面时，就很难布置呈三角形的支承，而应采用面接触定位。

粗基准平面常用的定位元件有固定支承钉和可调支承钉。固定支承钉已标准化，有 A 型（平头）、B 型（球头）和 C 型（齿纹）三种（见图 2-9）。常用 B 型和 C 型支承钉。

2）工件以精基准平面定位。

经切削加工后的平面作为定位基准，这种定位基准叫精基准。这种定位基准面具有较小的表面粗糙度值和平面度误差，可获得较高的定位精度。常用的定位元件有平头支承钉（A 型）和支承板（见图 2-10）。

（2）工件以圆柱孔定位

该定位方式即采用工件上的圆柱孔为定位基准面，与定位元件上的有关表面实现定位，定位元件的主要形式有：

1）工件以圆柱销（定位销定位）。

图 2-11 为常用定位销的结构。当定位销直径 D 为 3～10mm 时，为增加刚性避免使用中折断或热处理时淬裂，通常把根部倒成圆角 R，夹具体上有沉孔，使定位销圆角部分沉入

孔内而不影响定位，如图 2-11（a）所示。大批量生产时，为了便于定位销的更换，可采用带衬套的结构形式。为便于工件装入，定位销的头部有 15°倒角。该定位元件与工件配合为短圆柱面配合，定位时限制工件的两个自由度。定位销的具体参数可查阅有关国家标准。

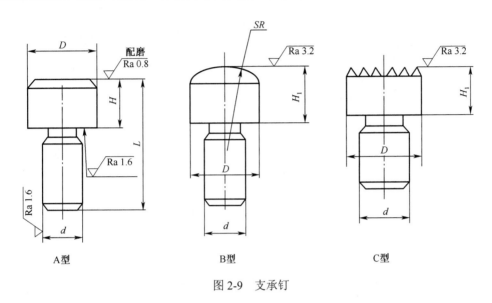

图 2-9　支承钉

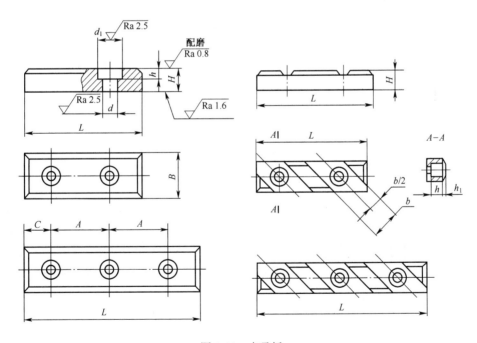

图 2-10　支承板

2）工件以圆锥销定位。

图 2-12 为常用圆锥销的结构。该定位方式是通过圆柱面与定位元件的外圆锥面配合实现定位的，两者的接触线是在某一高度上的圆。因此这种定位方式较之用短圆柱销定位多

限制了工件的一个自由度。圆锥销定位常和其他定位元件组合使用。

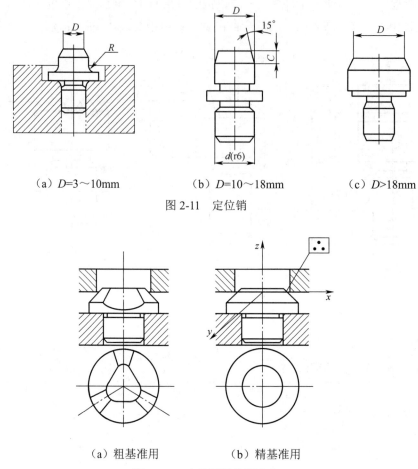

（a）D=3～10mm （b）D=10～18mm （c）D>18mm

图 2-11　定位销

（a）粗基准用 （b）精基准用

图 2-12　内孔用圆锥销定位

3）工件以定位心轴定位。

上述定位销如果轴向尺寸及径向尺寸变大，定位时轴向配合长度较大，这种定位元件即为圆柱定位心轴。以圆柱定位心轴定位时限制工件的四个自由度，其中定位配合为间隙配合时定心精度低但装卸工件方便，定位配合为过盈配合时定心精度高但装卸工件不便。

如果上述圆锥销锥度变小（锥度为 1:1000～1:8000）、轴向尺寸增大，则定位元件为圆锥定位心轴。以圆锥定位心轴定位时限制工件的五个自由度，但轴向定位精度很差。用该定位元件定位定心精度高。

工件以外圆柱面定位时所采用的定位方式和定位元件与上述情况非常相似。

（3）工件以外圆柱面定位

1）工件以 V 型块定位。

V 型块是夹具中常用的定位元件，对轴定位时，当工件用长 V 型块定位时限制四个自由度，用短 V 型块定位时限制两个自由度。轴的左右能自动对中，即工件轴线总在 V 型块工作面的对称面内。V 型块有固定式和活动式之分。

图 2-13 为几种固定式 V 型块结构。图 2-13（a）用于较短的工件定位；图 2-12（b）用于较长的粗基准定位；图 2-13（c）用于较长的精基准定位；图 2-13（d）为镶块式，便于磨损后更换镶块。

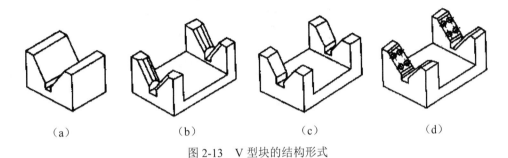

（a）　　　　　　（b）　　　　　　（c）　　　　　　（d）

图 2-13　V 型块的结构形式

活动 V 型块如图 2-14 所示，图 2-14（a）所示为加工轴承座孔时的定位方式，此时活动 V 型块除限制工件的一个自由度外，还兼有夹紧作用；图 2-14（b）所示活动 V 型块只起定位作用，限制一个自由度。

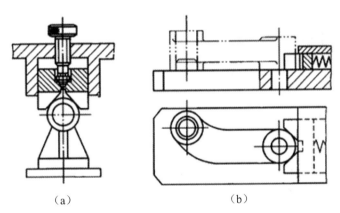

（a）　　　　　　　　　　　　（b）

图 2-14　活动 V 型块的应用

2）工件以半圆套定位。

如图 2-15 所示，半圆套的定位面 A 置于工件的下方。这种定位方式类似于 V 型块，也类似于轴承，常用于大型轴类零件的精基准定位中，其稳固性比 V 型块更好。其定位精度取决于定位基面的精度。通常工件轴颈取精度 IT7、IT8，表面粗糙度为 Ra0.8～0.4μm。

3）工件以定位套定位。

工件以外圆柱面作为定位基准面在定位套中定位时，其定位元件常做成钢套装在夹具体中，如图 2-16 所示。图 2-16（a）所示的短定位套用于工件以端面为主要定位基准。短定位套只限制工件的两个移动自由度。图 2-16（b）所示的长定位套用于工件以外圆柱面为主要的定位基准，这种定位方式为过定位，应考虑垂直度与配合间隙的影响，必要时应采取工艺措施，以避免过定位引起的不良后果。长定位套限制工件的四个自由度。这种定位方式为间隙配合的中心定位，故对定位基面的精度要求较高（不应低于 IT8）。定位套应用较少，主要用于小型的形状简单的轴类零件的定位。

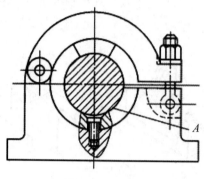

图 2-15　半圆套

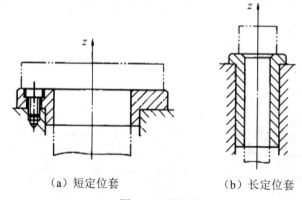

（a）短定位套　　　　（b）长定位套

图 2-16　定位套

（4）常见组合定位方式

常见组合定位方式的使用可参阅表 2-2。

表 2-2　常见组合定位方式

工件定位基准面	定位元件	定位方式简图	定位元件特点	限制的自由度
平面	支承钉			1、2、3—$\vec{z}$、$\hat{x}$、$\hat{y}$ 4、5—$\vec{x}$、$\hat{z}$ 6—$\vec{y}$
	支承板		每个支承板也可以设计为两个或两个以上的小支承板	1、2—$\vec{z}$、$\hat{x}$、$\hat{y}$ 3—$\vec{x}$、$\hat{z}$

续表

工件定位基准面	定位元件	定位方式简图	定位元件特点	限制的自由度
	固定支承与浮动支承		1、3—固定支承 2—浮动支承	1、2—$\vec{z}$、$\hat{x}$、$\hat{y}$ 3—$\vec{x}$、$\hat{z}$
	固定支承与辅助支承		1、2、3、4—固定支承 5—辅助支承	1、2、3—$\vec{z}$、$\hat{x}$、$\hat{y}$ 4—$\vec{x}$、$\hat{z}$ 5—增加刚性,不限制自由度
圆孔	定位销（心轴）		短销（短心轴）	$\vec{x}$、$\vec{y}$
			长销（长心轴）	$\vec{x}$、$\vec{y}$ $\hat{x}$、$\hat{y}$
	锥销		单锥销	$\vec{x}$、$\vec{y}$、$\vec{z}$
			1—面定销 2—活动销	$\vec{x}$、$\vec{y}$、$\vec{z}$ $\hat{x}$、$\hat{y}$
圆柱面	支承板或支承钉		短支承板或支承钉	$\vec{z}$（或$\hat{x}$）
			长支承板或两个支承钉	$\vec{z}$、$\hat{x}$

续表

工件定位基准面	定位元件	定位方式简图	定位元件特点	限制的自由度
圆柱面	V 型块		窄 V 型块	$\vec{x}$、$\vec{z}$
			宽 V 型块或两个窄 V 型块	$\vec{x}$、$\vec{z}$ $\hat{x}$、$\hat{z}$
			垂直运动的窄活动 V 型块	$\vec{x}$（或 $\hat{x}$）
	定位套		短套	$\vec{x}$、$\vec{z}$
			长套	$\vec{x}$、$\vec{z}$ $\hat{x}$、$\hat{z}$
	半圆孔衬套		短半圆孔	$\vec{x}$、$\vec{z}$
			长半圆孔	$\vec{x}$、$\vec{z}$ $\hat{x}$、$\hat{z}$
	锥套		单锥套	$\vec{x}$、$\vec{y}$、$\vec{z}$
			1—固定锥套 2—活动锥套	$\vec{x}$、$\vec{y}$、$\vec{z}$ $\hat{x}$、$\hat{z}$

（二）机床夹具

1. 机床夹具概述

（1）概述

机床夹具是在机床上加工时用来装夹工件的工艺设备，其作用是使工件相对机床和刀具有一个正确的位置，即定位，同时在加工中还需保持这个位置不变，即夹紧。

在现代生产中，机床夹具是一种不可缺少的工艺装备，它直接影响着工件加工的精度、劳动生产率和产品的制造成本等。

图 2-17 为另一型号连杆的铣槽夹具结构简图，该夹具靠工作台 T 型槽和夹具体上定位键 9 确定其在数控铣床上的位置，并用 T 型螺栓紧固。

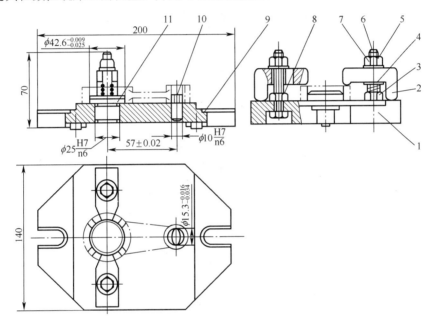

1—夹具体；2—压板；3、7—螺母；4、5—垫圈；6—螺栓；8—弹簧；9—定位键；
10—菱形销；11—圆柱销

图 2-17　连杆铣槽夹具结构

加工时，工件在夹具中的正确位置靠夹具体 1 的上平面、圆柱销 11 和菱形销 10 保证。夹紧时，转动螺母 7，压下压板 2，压板 2 一端压着夹具体，另一端压紧工件，保证工件的正确位置不变。

（2）机床夹具的组成

从该例子可以看出，数控机床夹具一般由以下几部分组成：

1）定位装置。

定位装置是由定位元件及其组合构成，用于确定工件在夹具中的正确位置，常见定位方式是以平面、圆孔和外圆定位。如图 2-17 中的圆柱销 11、菱形销 10 等都是定位元件。

2）夹紧装置。

夹紧装置用于保持工件在夹具中的既定位置，保证定位可靠，使其在外力作用下不致产生移动，包括夹紧元件、传动装置及动力装置等。如图 2-17 中的压板 2、螺母 3 和 7、垫圈 4 和 5、螺栓 6 及弹簧 8 等元件组成的装置就是夹紧装置。

3）夹具体。

用于连接夹具各元件及装置，使其成为一个整体的基础件，以保证夹具的精度、强度和刚度。

4）其他元件及装置。

如定位键、操作件、分度装置及连接元件。

（3）机床夹具的用途

1）保证被加工表面的位置精度，由于使用夹具装夹工件可以准确地确定工件与机床、刀具间的相对位置，因而能稳定地获得较高的位置精度。

2）减少辅助时间，提高劳动生产率。

3）扩大机床的使用范围，利用夹具可使机床完成其本身所不能完成的任务，如以车代镗，在卧式铣床上利用仿形夹具加工成形表面。

4）实现工件的装夹加工，对一些支架、箱体及拐臂等形状复杂的工件须使用专用夹具才能实现装夹加工。

5）减轻劳动强度，改善工作条件，保证生产安全。

（4）机床夹具的分类

机床夹具的种类繁多，可以从不同的角度对机床夹具进行分类。常用的分类方法有以下几种：

1）按夹具的使用特点分类。

根据夹具在不同生产类型中的通用特性，机床夹具可分为通用夹具、专用夹具、可调夹具、组合夹具和拼装夹具五大类。

①通用夹具　已经标准化的可加工一定范围内不同工件的夹具，称为通用夹具，其结构、尺寸已规格化，而且具有一定通用性，如三爪自定心卡盘、机床用平口虎钳、四爪单动卡盘、台虎钳、万能分度头、顶尖、中心架和磁力工作台等。这类夹具适应性强，可用于装夹一定形状和尺寸范围内的各种工件。这些夹具已作为机床附件由专门工厂制造供应，只需选购即可。其缺点是夹具的精度不高，生产率也较低，且较难装夹形状复杂的工件，故一般适用于单件、小批量生产中。

②专用夹具　专为某一工件的某道工序设计制造的夹具，称为专用夹具。在产品相对稳定、批量较大的生产中，采用各种专用夹具，可获得较高的生产率和加工精度。专用夹具的设计周期较长、投资较大。

专用夹具一般在批量生产中使用。除大批量生产之外，中小批量生产中也需要采用一些专用夹具，但在结构设计时要进行具体的技术经济分析。

③可调夹具　某些元件可调整或更换，以适应多种工件加工的夹具，称为可调夹具。可调夹具是针对通用夹具和专用夹具的缺陷而发展起来的一类新型夹具。对不同类型和尺寸的工件，只需调整或更换原来夹具上的个别定位元件和夹紧元件便可使用。它一般又可分为通用可调夹具和成组夹具两种。前者的通用范围比通用夹具更大，后者则是一种专用

可调夹具，它按成组原理设计并能加工一组相似的工件，故在多品种和中、小批量生产中使用有较好的经济效果。

④组合夹具 采用标准的组合元件、部件，专为某一工件的某道工序组装的夹具，称为组合夹具。组合夹具是一种模块化的夹具。标准的模块元件具有较高的精度和耐磨性，可组装成各种夹具。夹具用毕可拆卸，清洗后留待组装新的夹具。由于使用组合夹具可缩短生产准备周期，元件能重复多次使用，并具有减少专用夹具数量等优点，因此组合夹具在单件或中、小批量多品种生产和数控加工中，是一种较经济的夹具。

⑤拼装夹具 用专门的标准化、系列化的拼装零部件拼装而成的夹具，称为拼装夹具。它具有组合夹具的优点，但比组合夹具精度高、效能高、结构紧凑。它的基础板和夹紧部件中常带有小型液压缸。此类夹具更适合在数控机床上使用。

2）按使用机床不同分类。

可分为车床夹具、铣床夹具、钻床夹具、镗床夹具、齿轮机床夹具、数控机床夹具、自动机床夹具、自动线随行夹具以及其他机床夹具等。

3）按夹紧的动力源分类。

夹具按夹紧的动力源可分为手动夹具，气动夹具，液压夹具，气、液增力夹具，电磁夹具以及真空夹具等。

2. 数控机床夹具

数控机床是先进的高精度、高效率、高自动化程度的加工设备。除了机床本身的结构特点，控制运动和动作准确、迅速外，还要求工件的定位夹紧装置亦能适应数控机床的要求，即具有高精度、高效率和高自动化的特点。这样，数控机床才能充分发挥效能。

（1）数控夹具的特点

作为机床夹具，首先要满足机械加工时对工件的装夹要求。同时，数控加工的夹具还有它本身的特点。

1）数控加工适用于多品种和中、小批量生产，为能装夹不同尺寸、不同形状的多品种工件，数控加工的夹具应具有柔性，经过适当调整即可夹持多种形状和尺寸的工件。

2）传统的专用夹具具有定位、夹紧、导向和对刀四种功能，而数控机床上一般都配备有接触试测头、刀具预调仪及对刀部件等设备，可以由机床解决对刀问题。数控机床上由程序控制的准确的定位精度，可实现夹具中的刀具导向功能，因此数控加工中的夹具一般不需要导向和对刀功能，只要求具有定位和夹紧功能，就能满足使用要求，这样可简化夹具的结构。

3）为适应数控加工的高效率，数控加工夹具应尽可能使用气动、液压、电动等自动夹紧装置快速夹紧，以缩短辅助时间。

4）夹具本身应有足够的刚度，以适应大切削用量切削。数控加工具有工序集中的特点，在工件的一次装夹中既要进行切削力很大的粗加工，又要进行达到工件最终精度要求的精加工，因此夹具的刚度和夹紧力都要满足大切削力的要求。

5）为适应数控多方面加工，要避免夹具结构包括夹具上的组件对刀具运动轨迹的干涉，夹具结构不要妨碍刀具对工件各部位的多面加工。

6）夹具的定位要可靠，定位元件应具有较高的定位精度，定位部位应便于清屑，无切屑积留。如工件的定位面偏小，可考虑增设工艺凸台或辅助基准。

7）对刚度小的工件，应保证最小的夹紧变形，如使夹紧点靠近支承点，避免把夹紧力作用在工件的中空区域等。当粗加工和精加工同在一个工序内完成时，如果上述措施不能把工件变形控制在加工精度要求的范围内，应在精加工前使程序暂停，让操作者在粗加工后精加工前变换夹紧力（适当减小），以减小夹紧变形对加工精度的影响。

（2）数控夹具选用方法

1）在数控车床、车床中心和磨床上加工回转体工件，一般采用能适应一定直径范围工作的通用快速自动夹紧卡盘。当工件几何尺寸超出范围时，则需要更换卡爪或另一种卡盘。

2）在加工中心加工工件而工件是以底面作定位的箱体零件时，则可选用以槽系或孔系为基座的组合夹具，再配以一定量的定位、夹紧元件组合即可。

3）在加工中心加工工件而工件为不规则形状，或同时在托板上需加工多个相同或不相同的工件时，则需设计与配备专用夹具。

（3）各类典型的数控夹具

1）车床类夹具。

车床类夹具常用型式有加工盘套零件的自动定心三爪卡盘、加工轴类零件的拨盘与顶尖和机床通用附件的自定心中心架与自动转塔刀架等。由于数控加工的需要，这些卡盘、拨盘和中心架等除通常要求外，还有一些特定要求。如对于卡盘，要求装卸工件要快，重装工件或改变加工对象时，能机动或尽量缩短更换卡爪时间，减少更换卡盘及卡盘改用顶尖的调整时间，随粗、精加工不同面，要满足粗加工夹紧可靠、精加工夹紧变形小的要求等。对于拨盘则要求粗加工时能传递最大的扭矩，由顶尖加工能快速改调为卡盘加工，一次安装能完成工件加工等。

加工盘类零件常用自动定心三爪卡盘。

在数控车床上加工轴类零件时，毛坯装在主轴顶尖和尾架顶尖之间，工件用主轴上的拨动卡盘传动旋转。这时拨动卡盘应满足以下要求：粗加工时传递最大扭矩，能在主轴高转速时进行加工；能用顶尖定位毛坯轴向尺寸；由用顶尖加工改变为用卡盘加工。

2）数控钻、铣、镗和加工中心用夹具。

①对于工件在夹具上的定位　由于加工外形与编程有关，一般均采用完全定位并与数控加工原点相联系。对于圆柱体工件，为使基准重合、误差减小，可以内孔、外圆或中心孔作定位基准在夹具定位件上定位；对于壳体类工件则力求采用三坐标平面作定位基准，以确保定位的精度与可靠性。但对于一次安装需同时加工多方向表面时，虽用两孔一平面定位方式会有定位误差存在，然而仍是可行的常用定位方式。

②对于夹具在机床上的定位　为减少更换夹具的准备—结束时间，应力求采用无校正的定位方式，如先在机床上设置与夹具配合的定位元件、在组合夹具的基座上精确设计定位孔，以便与机床床面定位孔或槽对正来保证编程原点的位置。对于夹具定位件在机床上的安装方式，由于数控机床主要是加工批量不大的小批与成批零件，在机床工作台上会经常更换夹具，这样易磨损机床台面上的定位槽，且在槽中装卸定位件十分费力，也会占用

较长的停机时间，为此，在机床上用槽定向的夹具，其定位元件常常不固定在夹具体上而固定在机床工作台上。

数控钻、铣、镗和加工中心用夹具主要结构类型大致上可分为通用类、组合夹具类与专用类三种。

①通用类　根据应用不同，其结构又可分为适于小批生产可供多次重复使用的不可调通用夹具；适于成组加工由基础组合件组装，仅用于制造少量专用调整安装件的可调通用夹具；适于成批生产的通用性强的机床标准附件等。

②组合夹具类　随着产品更新换代速度加快，数控与柔性制造系统应用日益增多，作为与机床相配套的夹具也就要求其具有柔性，组合夹具也就成为夹具柔性化的最好途径。能及时适应加工品种和规模变化的需要。现代组合夹具的结构主要分为孔系与槽系两种基本形式，两者各自有其长处。

③专用夹具　专用夹具的结构固定，仅适用于一个具体零件的具体工序，在数控机床上，只是在所有可调整夹具不能使用的情况下才使用。这类夹具的结构应力求简化，使制造时间尽量缩短。

三、任务分析

薄壁套零件外圆、内孔精度及表面粗糙度要求较高；右端面与 $\phi 26_0^{+0.03}$ mm 孔轴线有垂直度要求，加工时应在一次装夹中完成；$\phi 30_{-0.03}^0$ mm 外圆既有圆度形位公差要求，又有同轴度要求，又因内孔存在阶台，无法一次装夹工件完成全部加工内容，因此可采取先加工完零件右端面及内孔，再使用芯轴装夹完成零件外圆加工的方法。

四、任务实施

（一）任务准备

（1）准备《数控加工工艺制订与实施》相关教学资料，包括教材、教参、工作任务书等。

（2）准备教学用辅具、典型轴类零件。

（3）准备生产资料，包括机床设备、工艺装备等。

（4）安全文明教育。

（二）任务实施

因薄壁套孔壁较薄，装夹过程中很容易变形，因此装夹难度较大，一般可采用以外圆定位和内孔定位夹紧的方法来完成。

1. 以内孔定位

薄壁套的基准是 $\phi 26_0^{+0.03}$ mm 孔轴线，外圆、内孔精度及表面粗糙度要求较高；右端面与 $\phi 26_0^{+0.03}$ mm 孔轴线有垂直度要求，加工时应在一次装夹中完成；$\phi 30_{-0.03}^0$ mm 外圆既有圆度形位公差要求，又有同轴度要求，又因内孔存在阶台，无法一次装夹工件完成全部加工内容，因此可采取先加工完零件右端面及内孔，再使用心轴或胀力心轴装夹完成零件外圆加工的方法。心轴的轴肩直径要小，限制一个轴向移动自由度，心轴为长心轴限制四个自由度。

2. 以外圆定位

如果该薄壁套批量较大，基准是 $\phi30_{-0.03}^{0}$mm 的轴线，可以选择以外圆定位加工内孔，采用特制软卡爪、六爪卡盘（圆形包胎）或开封套筒，如图 2-18 所示，夹持薄壁套，避免夹持变形，包胎选用轻、软材料，最好使用铜、铝制品，避免夹伤工件。六爪卡盘限制四个自由度。

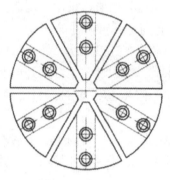

图 2-18　六爪卡盘

五、检查评估

选择薄壁套的夹具评分标准见表 2-3。

表 2-3　薄壁套工艺分析的评分标准

姓名			零件名称	薄壁套		总得分		
项目	序号		检查内容	配分	评分标准	检测记录	得分	
工艺夹具	1		定位原理	20	不正确每处扣 5 分			
	2		定位方法	20	不正确每处扣 5 分			
	3		夹具选择	40	不正确每处扣 5 分			
表现	4		团队协作	10	违反操作规程全扣			
	5		考勤	10	不合格全扣			

六、知识拓展

机床专用夹具设计的方法和步骤

（一）专用夹具设计的基本要求

（1）保证工件的加工精度是对专用夹具的最基本的要求。为此，必须正确确定定位方案，合理设计定位元件以及合理制定夹具技术要求。必要时还应进行误差的分析计算。

（2）提高加工的生产率、降低成本。为此应尽量采用各种快速高效的结构，同时又要使夹具结构简单，便于制造。

（3）操作方便，便于排屑，能减轻操作者的劳动强度，工作安全、可靠。

（4）有良好的结构工艺性，充分考虑制造、检验、装配、调整和维修的方便。

（二）机床夹具设计的一般步骤

（1）明确任务，研究资料，了解生产条件。要详细阅读零件图样，分析零件的结构特点、材料和技术要求。要认真研究零件的工艺规程和夹具设计的任务和要求，充分了解本工序的工序内容和工序要求。还要了解所用机床、刀具的规格和安装尺寸，夹具制造车间的生产条件和技术现状，并收集好设计夹具的各种标准、工厂规定及有关夹具设计的参考资料。

（2）拟定夹具结构方案，绘制夹具的结构草图。

确定夹具的结构方案是夹具设计的关键一步。为使设计出的夹具先进、合理，常需拟订几种结构方案，反复比较，从中择优。拟订结构方案时主要考虑以下问题：

1）确定工件的定位方法并设计相应的定位装置，确定刀具的引导方式并设计引导装置或对刀装置。工件在夹具中的定位应符合定位原理。所选定位方案必须保证工件的加工精度，必要时应进行误差验算。定位件和导向件的设置要合理，并应尽量采用标准结构。

2）确定工件的夹紧方式并设计夹紧装置，夹紧力的方向和作用点应符合夹紧原则。对夹紧力的大小应进行分析和必要的计算（有时需通过做试验决定夹紧力的大小），以确定夹紧元件和传动装置的主要尺寸。

3）确定其他元件或装置的结构形式，考虑这些元件和装置的布局，确定夹具体的结构。

在构思夹具结构方案的同时应绘制夹具的结构草图，以检查方案的合理性和可行性，并为进一步绘制夹具总图做好准备。

（3）绘制夹具总图，标注有关尺寸和技术要求。

夹具总图应按国家标准绘制。图形比例应尽量取 1:1，以使绘出的图样具有良好的直观性。工件过大可用 1:2 或 1:5，过小可用 2:1。总图的视图数应在能清楚地表示各零件相互关系的原则下尽量少，总图的主要视图应符合夹具在机床上的实际位置。

绘制总图的步骤是：先用双点画线绘制工件的轮廓外形（即把工件视为透明体，不挡夹具），并画出定位面、夹紧面和加工面。而后按照工件的形状和位置依次画出定位、导向、夹紧装置等各元件的具体结构，最后画出夹具体，以使夹具成为一整体。

在总图上，应标注必要的尺寸公差、配合和技术要求，标注零件编号，填写零件明细栏和标题栏。

（4）绘制零件图。

为简化夹具设计和制造，应尽量采用标准夹具元件。标准夹具零件及部件，可在国家标准、部颁标准及工厂内自己规定的标准中选择。非标准零件应自行设计。非标准零件的绘制应符合国家制图标准规定，其视图的选择应尽可能与零件在总图上的工作位置相一致。非标准零件的公差和技术要求应依据夹具总图的公差和技术要求，参照同类零件并考虑本单位的生产条件来决定。

（三）夹具公差和技术要求的制定

1. 夹具的尺寸公差和技术要求的内容

夹具总图上标注尺寸公差和技术要求主要是为了便于绘制零件图、装配和检验。标注的内容通常包括：

（1）与定位精度有关的尺寸及相互位置要求，如定位元件上定位表面的尺寸公差及配合性质，各定位元件间的位置尺寸及相互位置要求，定位元件与夹具安装基面间的位置尺寸及相互位置精度要求，夹具主要元件间的配合尺寸和配合性质。

（2）定位元件与导向元件、对刀元件间的位置尺寸及相互位置精度要求。

（3）夹具与机床连接部分的尺寸及配合性质。

（4）与保证夹具装配精度有关或与检验方法有关的特殊技术要求。

（5）夹具的轮廓尺寸、特征尺寸、安装尺寸及运动件的活动范围等尺寸。

（6）夹具的操作、平衡、安全注意事项及其他有关说明。

2. 夹具公差的确定

这里讲的夹具公差包括夹具上装配、检验尺寸公差及相互位置公差。

制定夹具公差的依据主要是产品图样、工艺规程和夹具设计任务书中关于被加工零件的尺寸、公差和技术要求。

制定夹具公差的基本原则是要保证零件的加工精度。为此，必须对产生误差的各种因素进行分析，以便提出控制上述误差的措施。夹具中与工件尺寸有关的公差，应一律化为双向对称分布的公差。在不增加制造困难的前提下，夹具公差应制定得尽量小些，以增加夹具的可靠性，并补偿使用中的磨损量。在夹具制造中，为减少加工困难、提高夹具的精度，可采用调整法、修配法、组合加工或在使用的机床上加工等方法。在这种情况下，某些零件的制造公差可放宽些。

对于直接与工件的加工尺寸公差有关的夹具公差，在工厂的实际设计中多用经验类比法确定。即通常将夹具的尺寸公差和形位公差取为工件相应公差的 1/5～1/2。工件的精度要求较高；公差值较小时，为使夹具制造简单，宜取 1/3～1/2；工件的公差值较大，生产批量较大时，宜取 1/5～1/3。

夹具上主要角度公差一般取为工件相应角度公差的 1/5～1/2，常取±10′，要求严格的可取±1′～±5′。

对于无法直接从工件相应尺寸公差中按比例选取的夹具公差可参照经验值和有关标准确定。当工件的加工尺寸或角度公差为自由公差时，夹具上的相应公差一般取为±0.1mm或±10′。当工件的加工面没有提出相互位置精度要求时，夹具上的那些主要元件间的位置公差可按经验取为（0.02:100）～（0.05:100），或者在全长上不大于0.03～0.05mm。必要时可通过计算法对夹具精度进行验算。

七、思考与练习

（一）填空题

1. 工件上用于定位的表面是确定工件_____的依据，称为_____。

2. 工件定位时，几个定位支承点重复限制同一个自由度的现象，称为_____。

3. 能消除工件 6 个自由度的定位方式，称为_____定位。

4. 套类零件采用心轴定位时，长心轴限制了_____个自由度，短心轴限制了_____

个自由度。

5. 用压板夹紧工件时，螺栓应尽量_____工件；压板的数目一般不少于_____块。

（二）选择题

1. 在夹具中，（　　）装置用于确定工件在夹具中的位置。

    A. 定位　　　　　　B. 夹紧　　　　　　C. 辅助

2. 在车床上采用中心架支承加工长轴时，是属于（　　）。

    A. 完全定位　　　B. 不完全定位　　C. 过定位　　　　　D. 欠定位

3. 工件采用芯轴为定位元件时，定位基准面是（　　）。

    A. 芯轴外圆柱面　　　　　　　　B. 工件内圆柱面

    C. 芯轴中心线　　　　　　　　　D. 工件孔中心线

4. 工件以外圆柱面在长 V 型块上定位时，限制了工件（　　）个自由度。

    A. 6 个　　　　　　B. 5 个　　　　　　C. 4 个　　　　　　D. 3 个

5. 工件以圆柱面在短 V 型块上定位时，限制了工件（　　）个自由度。

    A. 5 个　　　　　　B. 4 个　　　　　　C. 3 个　　　　　　D. 2 个

（三）简答题

1. 应用六点定位原理时，应注意哪些问题？

2. 工件常用的定位方式有哪些？

3. 数控机床夹具有哪些特点？

任务3　编制薄壁套的加工工艺

一、任务描述

如图 2-1 所示薄壁套的零件图，根据零件图给出的相关信息，确定该零件的数控加工工艺。

二、任务资讯

（一）刀具选择

1. 麻花钻的结构组成

麻花钻应用极为广泛，可用来钻孔和扩孔。高速钢麻花钻加工精度可达 IT13～IT11，表面粗糙度为 Ra25～6.3μm；硬质合金麻花钻加工精度可达 IT11～IT10，表面粗糙度为 Ra1.25～3.2μm。标准麻花钻由柄部、颈部、工作部分组成，工作部分由切削部分和导向部分组成，如图 2-19 所示。

（1）柄部　用于装夹钻头和传递动力。柄部有两种形式：直柄和莫氏锥柄。一般直径小于 13mm 使用直柄，直径 12mm 以上用莫氏锥柄。在锥柄的后端做出扁尾，以便使用斜铁将钻头从钻套中取出。

（2）颈部　颈部是钻柄与工作部分的连接部分，可供磨削外颈时砂轮退刀。钻头的尺寸标志也打印在此处。

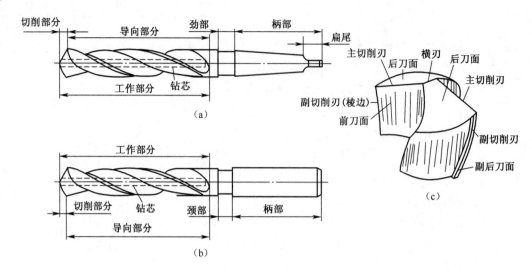

图 2-19　麻花钻的结构组成

（3）工作部分

1）导向部分　钻头的导向部分是它的螺旋排屑槽部分，起导向和排屑作用，也是切削部分的后备部分。两条螺旋槽的作用是构成切削刃、排出切屑和通切削液。其端部同时也是前刀面。钻体心部有钻芯，用于连结两刃瓣。外圆柱上两条螺旋形棱面称为刃带，起到减小钻头与孔壁摩擦、控制孔的廓形和导向作用。麻花钻的导向部分具有倒锥，即外径从切削部分向柄部逐渐减小，从而形成很小的副偏角，以减小棱边与孔壁的摩擦。标准麻花钻的倒锥量是每 100mm 长度上减少 0.02～0.03mm。

2）切削部分　具有切削刃的部分，由两个螺旋前刀面、两个圆锥后刀面（随刃磨方法不同，也可能是其他表面）和两个副后刀面（即刃带棱面）组成。前、后面相交处为主切削刃，两后刀面在钻芯处相交形成的切削刃称为横刃，标准麻花钻的主切削刃、横刃近似为直线。前面与刃带相交的棱边称为副切削刃，它是一条螺旋线。

2. 麻花钻的几何参数

（1）确定麻花钻几何角度的辅助平面

与车刀比较，麻花钻由于其结构形状的特殊性，确定其几何角度的辅助平面的分析也较复杂，分析如下：

1）基面　通过主切削刃上选定点，且包含钻头轴线的平面。由于麻花钻两主切削刃不通过钻心，即切削刃上各点的切削速度方向不同，所以切削刃上各点的基面位置不同，如图 2-20 所示。

2）切削平面　麻花钻主切削刃上任意一点的切削平面是包含该点切削速度方向，且又切于该点加工表面的平面。也就是主切削刃上任一点的切削速度矢量所在直线与钻刃构成的平面，如图 2-20 所示。

3）正交平面　通过主切削刃上任一点并垂直于基面和切削平面的平面，如图 2-20 所示。

4）柱剖面　通过柱切削刃上任一点作与麻花钻轴线平行的直线，该直线绕麻花钻轴线旋转所形成的圆柱表面，如图 2-21 所示。

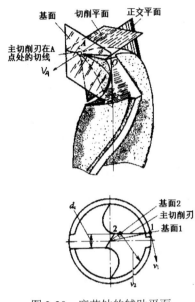

图 2-20　麻花钻的辅助平面

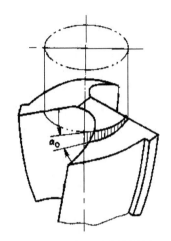

图 2-21　麻花钻的柱剖面

（2）麻花钻的几何角度

麻花钻的切削部分可看作是正反两把车刀，所以它的几何角度的概念与车刀基本相同，但也有其特殊性。

1）螺旋角（β）　钻头外缘表面与螺旋槽的交线为螺旋线，螺旋线与钻头轴线的夹角为螺旋角 β（见图 2-22）。螺旋角的大小由螺旋槽的导程 S 和钻头直径 d_x 决定，其关系式为：

$$\tan\beta_x = \frac{\pi d_x}{S}$$

式中：d_x——钻头直径；S——螺旋槽导程。

由于螺旋槽上各点的导程 S 相等，故在不同直径处螺旋角不相等，钻头的外缘处 β 最大，越靠近钻芯的 β 越小。标准麻花钻的螺旋角在 18°～30°之间，大直径钻头取大值。

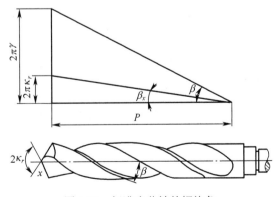

图 2-22　标准麻花钻的螺旋角

2）顶角（$2\kappa_r$）　是两主切削刃在平行于麻花钻轴线的平面上投影的夹角。标准麻花钻的顶角为 $2\kappa_r$=118°，此时主切削刃为直线，切削刃上各点顶角不变。而各点上的主偏角略有变化，为了方便，取顶角的一半作为主偏角的值。在刃磨麻花钻时，可根据切削刃形状判断顶角的大小，见表2-4。

表2-4　麻花钻顶角的大小对切削刃形状和加工的影响

顶角	$2\kappa_r>118°$	$2\kappa_r=118°$	$2\kappa_r<118°$
两主切削刃的形状	凹曲线　切削刃凹 （>118°）	直线　切削刃直线 （118°）	凸曲线　切削刃凸 （<118°）
对加工的影响	顶角大，则切削刃短，定心差，钻出的孔容易扩大，同时前角也会增大，使切削省力	介于两者之间	顶角小，则切削刃长，易定心，钻出的孔不容易扩大，同时前角也减小，会增大切削力
适用加工的材料	适用于钻削较硬的材料	适用于钻削中等硬度材料	适用于钻削较软的材料

3）前角（γ_o）　麻花钻主切削刃上任一点的前角是在正交平面（图2-23中O-O剖面）内测量的前刀面与基面之间的夹角。麻花钻的前角大小与螺旋角、顶角、钻心直径等参数有关，螺旋角是影响前角的主要因素。螺旋角越大，前角也越大，钻头的切削刃越锋利。麻花钻的前角以外缘处为最大（约为30°），自外缘向中心逐渐减小。在d/3范围内为负值，接近横刃处$\gamma_o=-30°$，横刃处前角为-54°～-60°。

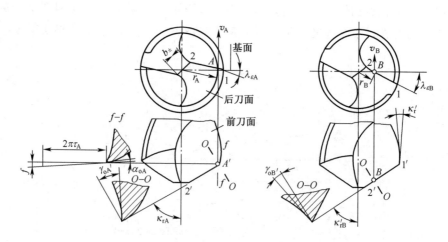

图2-23　麻花钻的前角、后角、主偏角和刃倾角

4）后角（a_o）　切削刃上任意一点的后角为在轴向平面内该点的切削平面与后刀面之间的夹角（图2-23中A点的后角为f-f剖面中a_{oA}）。后角是变化的，刃磨时将主切削刃上

各点的后角磨成外缘处最小，接近中心处最大，以便与前角的变化相适应，使切削刃上各点的楔角不致相差太大。中心处后角加大后，可以改善横刃处的切削条件。此外，由于进给运动的影响，使钻头工作后角减小，而且越接近钻心减小量越大，后角磨成内大外小，也正是为了弥补工作后角的减小值。

5）横刃斜角（ψ）　在垂直于麻花钻轴线的端面投影中，横刃与主切削刃之间的夹角。ψ 的大小和横刃的长短，是由后角和顶角大小决定的，如图 2-24 所示。在顶角一定的情况下，后角越大，ψ 越小，横刃就越长。因此，在刃磨时可用 ψ 来判断后角是否磨得合适，一般 $\psi = 50° \sim 55°$，如图 2-25 所示。

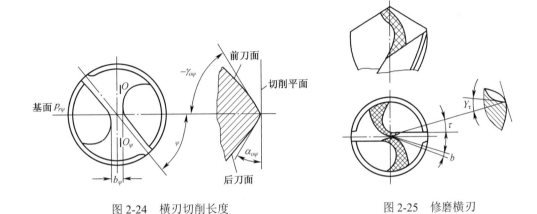

图 2-24　横刃切削长度　　　　　　　图 2-25　修磨横刃

3. 群钻

群钻是用标准麻花钻经过合理修磨的先进钻型，其外形特点是"三尖七刃"。标准群钻主要用来钻削碳素钢和各种合金钢材料。图 2-26 为标准群钻切削部分的形状和几何参数，标准群钻综合了上述各种修磨钻头的优点，主要包括磨出月牙槽；修磨横刃处前刀面和开分屑槽等。主要作用如下：

（1）在钻芯附近磨出月牙槽，增大了钻芯附近主切削刃上各点的前角，使群钻有较锋利的刃口和较好的切削性能。

（2）降低横刃的高度并修短横刃，增加了钻芯的强度，大大减小了横刃对钻削的不利因素。

（3）当钻头直径大于 15mm 时，磨出单边分屑槽，便于分屑排屑。

因此，群钻的几何角度和刃形都比较合理，切削刃锋利，切屑变形小，转矩约减小 10% ～ 30%，轴向力可降低 35% ～ 50%，使群钻的耐用度比标准麻花钻提高 3 ～ 5 倍。

4. 其他类型钻头简介

（1）扁钻

扁钻的切削部分一般用高速钢和硬质合金制造，其结构见图 2-27（a）。切削部分磨成扁平体，主切削刃磨出顶角、后角，并形成横刃，副切削刃磨出后角与副偏角并控制钻孔的直径。由于扁钻前角小，排屑困难，导向性差，可重磨次数少，过去曾逐渐被其他钻头替代。但扁钻没有螺旋槽，结构简单，制造方便，成本低，轴向尺寸小，刚性好，近年来又引起广泛的重视，常用于仪表车床加工黄铜等脆性材料或在钻床上加工 0.1～0.5mm 的小孔。当钻孔直径大于 38mm 时，用扁钻比用麻花钻经济。

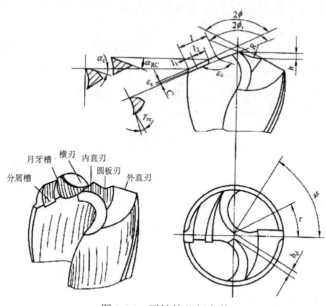

图 2-26   群钻的几何参数

孔径超过 25mm 时，可使用硬质合金装配式扁钻。它的结构与参数见图 2-27（b）。它的主要特点是：

1）可快速更换刀片进行体外重磨，以节省换刀时间。

2）能方便地更换刀片材料，满足不同加工条件的要求。

3）刀杆刚性好，能在杆内注入切削液，有利于提高钻孔效率和钻头耐用度。

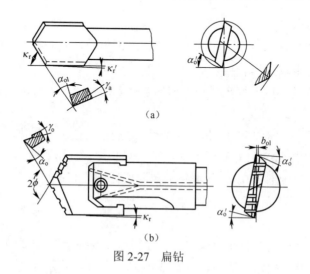

（a）

（b）

图 2-27   扁钻

（2）内冷却麻花钻

内冷却麻花钻主要用于在钢件上钻较深的孔，可将切削液通向切削区，以提高冷却润滑的效果，使排屑顺利，能提高钻头耐用度。如图 2-28 所示。

图 2-28　内冷却麻花钻

（3）锪钻

锪钻是对工件上已有孔进行加工的一种刀具，它可刮平端面或切出锥形、圆柱形凹坑。它常用于加工各种沉头孔、孔端锥面、凸凹面等，如图 2-29 所示。

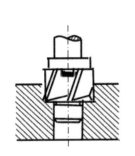　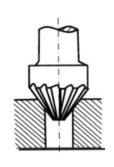　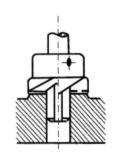

（a）加工圆柱形沉头孔　　　（b）加工锥形沉头孔　　　（c）加工凸台表面

图 2-29　　锪钻

带导柱平底锪钻（图 2-29（a）），它适于加工六角头螺栓、带垫圈的六角螺母、圆柱头螺钉的沉头孔。这种锪钻在端面和圆周上都有刀齿，并且有一个导向柱，以保证沉头座和孔保持同轴。

锥面锪钻（图 2-29（b）），适于加工锥角为 60°、90°、120° 的沉头螺钉的沉头座。

端面锪钻（图 2-29（c）），这种锪钻只有端面上有切削齿，以刀杆来导向，保证加工平面与孔垂直。标准锪钻可查阅 GB4258－84 至 GB4266－84。单件或小批生产时，常把麻花钻修磨成锪钻使用。

（4）扩孔钻

扩孔钻通常用于铰或磨前的预加工或毛坯孔的扩大，其外形与麻花钻相类似。扩孔钻通常有三四个刃带，没有横刃，前角和后角沿切削刃的变化小，故加工时导向效果好，轴向抗力小，切削条件优于钻孔。另外，扩孔钻主切削刃较短，容屑槽浅；刀齿数目多，钻心粗壮，刚度强，切削过程平稳。再加上扩孔余量小。因此，扩孔时可采用较大的切削用量，而其加工质量却比麻花钻好。一般加工精度可达 IT10～IT11，表面粗糙度可达 Ra6.3～3.2μm。常见的结构形式有高速钢整体式、镶齿套式和硬质合金可转位式，分别如图 2-30（a）（b）（c）所示。

5. 镗刀

镗孔是常用的加工方法，其加工范围很广，可进行粗、精加工。一般镗孔加工，精度等级可达 IT8～IT7，表面粗糙度 Ra6.3～0.8μm。若在高精度镗床上进行高速精镗，可达到更高的要求。镗刀的种类很多，按切削刃数量可分为单刃和双刃镗刀。

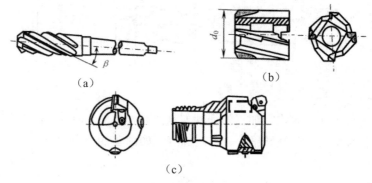

图 2-30　扩孔钻

（1）单刃镗刀

1）镗刀结构。

单刃镗刀头结构类似车刀，用螺钉装夹在镗杆上。加工小直径孔的镗刀常做成整体式，加工大直径孔的镗刀可做成机夹式。单刃镗刀可镗削通孔、阶梯孔和盲孔，图 2-31 为镗床上用的机夹式单刃镗刀，它的镗杆可长期使用。镗刀头通常做成正方形，镗杆不宜太细、太长，以免切削时产生振动。表 2-5 为镗杆与刀头的参考尺寸。为了使镗刀头在在镗杆内有较大的安装长度，并且有足够的位置安装压紧螺钉和调节螺钉，在镗不通孔或阶梯孔时，倾斜角 δ 一般取 $10°\sim45°$；镗通孔时取 $\delta=0°$。

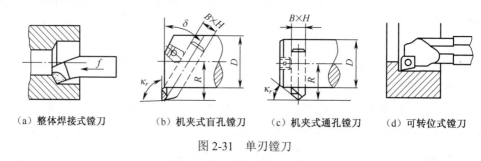

（a）整体焊接式镗刀　　（b）机夹式盲孔镗刀　　（c）机夹式通孔镗刀　　（d）可转位式镗刀

图 2-31　单刃镗刀

表 2-5　镗杆与刀头尺寸

工件孔径	32～38	40～50	51～70	71～85	86～100	101～140	140～200
镗杆直径	24	32	40	50	60	80	100
镗刀头直径或边长	8	10	12	16	18	20	24

2）镗刀特点。

镗刀的刚性差，切削时易产生振动，所以镗刀的主偏角 κ_r 选得较大，以减少径向力，镗铸铁孔或精镗时一般取 $\kappa_r=90°$；而粗镗钢件孔时，取 $\kappa_r=60°\sim75°$，以提高刀具的寿命。镗刀调整刀头麻烦、效率低，并对操作工人的技术要求较高，只能用于单件小批生产。但结构简单、制造方便、通用性广，单刃镗刀适用于孔的粗、精加工。

3）微调镗刀。

在孔的精镗中，多用微调镗刀。图 2-32 为微调镗刀的结构简图。它能在一定范围内较容易地调节尺寸。拉紧螺钉和垫圈将调整螺帽连同镗刀头压紧在镗杆上。调节时，稍微松开拉紧螺钉，转动带刻度的调整螺帽，使镗刀达到预定尺寸，然后旋紧螺钉。镗刀头倾斜 $53°8'$，调整螺帽的螺距为 0.5mm，调整螺帽刻度为 40 格，螺帽每转过一格，镗刀头沿径向的移动量为 $\Delta = \dfrac{0.5}{40} \times \sin 53°8' = 0.01$mm。镗通孔时，镗刀头垂直于轴线安装，此时，调整螺帽上刻线为 50 格，每转过一格，镗刀头在径向的移动量 $\Delta = \dfrac{0.5}{50} = 0.01$mm。

微调镗刀能加工直径在 20～180mm 范围的孔。

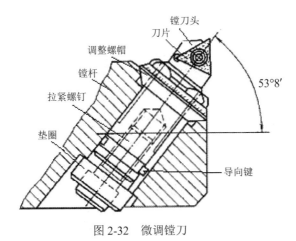

图 2-32　微调镗刀

（2）双刃镗刀

双刃镗刀又可分为固定式镗刀块（图 2-33）和浮动镗刀两种。双刃镗刀的两端有一对对称的切削刃同时参加切削，与单刃镗刀相比，每转进给量可提高一倍左右，生产效率高。同时，可以消除切削力对镗杆的影响。另外，镗刀头部可以在较大范围内进行调整，且调整方便，最大镗孔直径可达 1000mm。

1）固定式镗刀块　固定式镗刀块适用于加工直径大于 40mm 的孔，它可镶焊硬质合金刀片或整体由高速钢制成。镗刀块可通过斜楔（图 2-33（a））、螺钉（图 2-33（b））和螺母夹紧在镗杆上，如图 2-33 所示。

2）装配式浮动镗刀　装配式浮动镗刀如图 2-34 所示。安放在镗杆方孔中的刀块，通过作用在两侧切削刃上的切削力自动平衡其切削位置，因此它可以自动补偿由于镗杆径向圆跳动而引起的加工误差，从而获得较高的孔径加工精度和较小的表面粗糙度。浮动镗刀的刀片由高速钢或硬质合金制成，尺寸可由楔块 4 来调整，用螺钉 3 夹紧。镗杆可用 40Cr 钢制造，淬硬至 40～50HRC，镗杆方孔与镗刀采用间隙配合（G7/h6），方孔两侧面对轴线的垂直度在 0.01～0.02mm 以内。

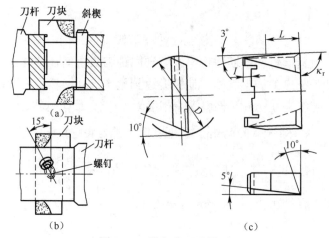

图 2-33 固定式双刃镗刀

加工钢料时，前角 $\gamma_o = 6° \sim 8°$；加工铸铁时， $\gamma_o = 0°$；后角 $\alpha_o = 1° \sim 2°$，主偏角 κ_r 不能取得过大，否则将使刀体失去浮动作用，一般主偏角 $\kappa_r = 6° \sim 8°$，修光刃长度一般为 6～10mm。

切削用量： $v = 0.03 \sim 0.08$m/s； $a_p = 0.03 \sim 0.06$mm； $f = 0.41$mm/r。

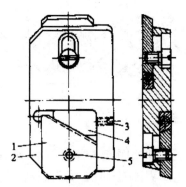

1—刀块；2—镗杆；3—螺钉；4—楔块；5—夹紧螺钉

图 2-34 装配式浮动镗刀

（二）加工方法

1. 零件的内孔加工方法选择

（1）套类零件一般内孔的加工方法

内孔是套筒零件的主要加工表面，常用的加工方法有钻孔、扩孔、铰孔、镗孔、拉孔及磨孔等。

这些加工方法的工艺特点概述如下：

1）钻孔。

钻孔是采用钻头在实心材料上加工孔的一种方法。常采用的钻头是麻花钻头，为排出大量切屑，麻花钻具有较大容屑空间的排屑槽，因而刚度与强度受很大削弱，加工内孔的精度低，表面粗糙。一般钻孔后精度达 IT12 级左右，表面粗糙度 Ra 达 80～20μm。因此，钻孔主要用于精度低于 IT11 级以下的孔加工或用作精度要求较高的孔的预加工。

钻孔时钻头容易产生偏斜，从而导致被加工孔的轴心线歪斜。为防止和减少钻头的偏斜，工艺上常采用下列措施：

①钻孔前先加工孔的端面，以保证端面与钻头轴心线垂直。

②先采用 90°顶角直径大而且长度较短的钻头预钻一个凹坑，以引导钻头钻削，此方法多用于转塔车床和自动车床，防止钻偏。

③仔细刃磨钻头，使其切削刃对称。

④钻小孔或深孔时应采用较小的进给量。

⑤采用工件回转的钻削方式，注意排屑和切削液的合理使用。

钻孔直径一般不超过 75mm，对于孔径超过 35mm 的孔，宜分两次钻削。第一次钻孔直径约为第二次的 50%～70%。

2）扩孔。

扩孔是采用扩孔钻对已钻出、铸出或锻出孔进一步加工的方法。扩孔时，切削深度较小，排屑容易，加之扩孔钻刚性较好，刀齿较多，因而扩孔精度和表面粗糙度均比钻孔好。扩孔的加工精度一般可达 IT10～IT11，表面粗糙度 Ra 为 6.3～3.2μm。此外，扩孔还能纠正被加工孔的轴心线歪斜。因此，扩孔常作为精加工（如铰孔）前的准备工序，也可作为要求不高的孔的终加工工序。

扩孔余量一般为孔径的 1/8 左右，因扩孔钻的刀齿较多，故扩孔的走刀量一般较大（0.4～2m/r），生产率高。对于孔径大于 100mm 的孔，扩孔应用较少，而多采用镗孔。

3）铰孔。

铰孔是对未淬硬孔进行精加工的一种方法。铰孔时，由于余量较小，切削速度较低。铰刀刀齿较多，刚性好而且制造精确，加之排屑、冷却、润滑条件较好等，铰孔后孔本身质量得到提高，孔径尺寸精度一般为 IT7～IT9 级，手铰可达 IT6 级，表面粗糙度 Ra 为 2.3～0.32μm。

铰孔主要用于加工中小尺寸的孔，孔的直径范围一般为 $\phi3$～$\phi150$mm。铰孔对纠正孔的位置误差的能力很差，因此孔的有关位置精度应由铰孔前的预加工工序保证。此外，铰孔不宜加工短孔、深孔和断续孔。

4）镗孔。

镗孔是在扩孔的基础上发展而成的一种常用的孔加工方法，可以作为粗加工，也可作为精加工，加工范围很广。对于小批生产中的非标准孔、大直径孔、精确的短孔、盲孔以及有色金属孔等，一般多采用镗孔。镗孔可以在车床、铣床和数控机床上进行，能获得的尺寸精度为 IT6～IT8 级，表面粗糙度 Ra 为 3.2～0.4μm。镗孔刀具（镗杆与镗刀）因受孔径尺寸的限制（特别是小直径深孔），一般刚性较差，镗孔时容易产生振动，生产率较低。但是由于不需要专用的尺寸刀具（如铰刀），镗刀结构简单，又可在多种机床上进行镗孔，故单件小批生产中，镗孔是较经济的方法。

此外，镗孔能够修正前工序加工所导致的轴心线歪斜和偏移，从而可以提高位置精度。

5）磨孔。

采用磨头对淬火孔进行精加工方法，一般在内圆磨床上进行。由于内孔磨削的工作条件较差，尺寸精度和表面粗糙度均不如外圆磨削。内孔磨削的尺寸精度一般为 IT6～IT7 级，表面粗糙度 Ra 达 0.2～0.1μm。加工范围较广，大孔直径可不受限制，小孔直径将受砂轮直径的影响，因而不能太小，若采用风动磨头最小直径可达 1mm 左右。从孔的结构形状上看，它既可磨通孔、阶梯孔等圆柱形孔，又可磨锥孔、内滚道或成形滚道等，如图 2-35 所示。

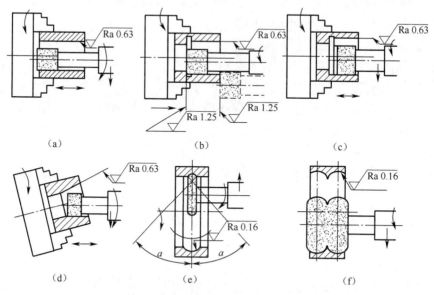

图 2-35　内圆磨削工艺范围

（2）深孔的加工方法

一般将孔的长度 L 与孔径 D 之比（L/D）大于 5 的孔称为深孔。深孔加工与一般孔加工相比较，生产率较低，难度大。

1）深孔加工的工艺特点。

由于零件较长，工件安装常用"一夹一托"方式（图 2-36），孔的粗加工多选用深孔钻削或镗削（拉镗或推镗），对要求较高的孔则采用铰削（浮动铰削）、珩磨或滚压等工艺方法。

2）深孔加工存在的问题。

①由于深孔刀具一般都比较细长，强度和刚性较差，从而导致加工的孔轴心线歪斜，加工中也容易发生引偏和振动。

②刀具的冷却散热条件差，切削温度升高会使刀具的耐用度降低。

③切屑排出困难，不仅会划伤已加工表面，严重时还会引起刀具崩刃甚至折断。

针对上述三方面问题，工艺上常采用如下措施：

①为解决刀具引偏，宜采取工件旋转的方式加工及改进刀具导向结构。

②为解决散热和排屑，采用压力输送切削液以冷却刀具和排出切屑；同时改进刀具结构，使其既能有使一定压力的切削液输入和断屑的能力，又有利于切屑的顺利排出。

3）深孔钻削方法。

在单件小批生产中，深孔钻削常采用加长麻花钻在普通车床或转塔车床上进行。为了排出切屑和冷却刀具，钻头每进一段不长的距离即需由孔内退出。深孔加工中，钻头的这种频繁进退，既影响钻孔效率，又增加工人的劳动强度。

在成批大量生产中，深孔钻削宜采用深孔钻头在专用深孔钻床上进行（图2-36）。图2-36（a）是一种内排屑方式的深孔钻削示意图，图 2-36（b）是一种外排屑方式的深孔钻削示意图。

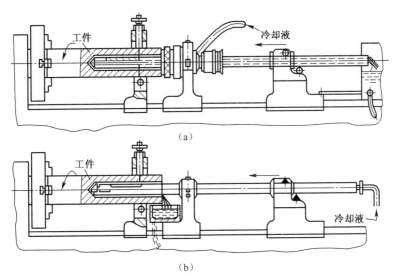

图 2-36　内孔加工示意图

4）深孔精加工。

经过钻削的深孔，若需要进一步提高孔的尺寸精度和直线度以及使表面粗糙细化等，可采用镗刀头镗孔和浮动镗孔（浮动铰孔）。

深孔镗削与一般镗削不同，它所采用的机床是深孔钻床（图2-36），在钻杆上装上深孔镗头（螺纹连接），如图2-37所示。其结构是前后均有导向块，前导向块由两块硬质合金组成，后导向块由四块硬质合金组成，镗刀尺寸用对刀块调整其尺寸。前导向块轴向位置应在刀尖后面2mm左右。这种镗刀的进给方式是采用推镗前排屑方式，改变了过去拉镗方法，因为拉镗时虽然刀杆受力（拉力）状态较好，但安装工件、调整尺寸都比较困难，生产率低。

浮动镗孔采用的设备仍然是钻削深孔的整套设备，只需取下深孔钻头换上深孔铰刀头。深孔铰刀头的结构如图2-38所示。浮动镗刀块在刀体长方形孔内可以自由地滑动。

浮动镗孔的特点是：消除了由于机床及刀具等误差引起的孔尺寸不稳定；由于镗刀块可以浮动，所以处于工件旋转的情况下，刀块具有自动对中性；刀块导向良好。图2-38中导向块为夹布胶木（或白桦木），有一定弹性，这种材料的导向块，既可避免擦伤已加工表面，又可自动补偿数次铰孔后直径的磨损，维持必要的导向要求。导向块呈台阶形，在调整导向块时，前导向块应与孔紧配，后导向块应略大于镗刀块尺寸，工作时能自动磨去而保持较准确的导向精度。

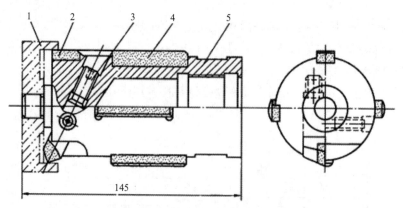

1—对刀块；2—前导向块；3—调节螺钉；4—后导向块；5—刀体

图 2-37   深孔镗头

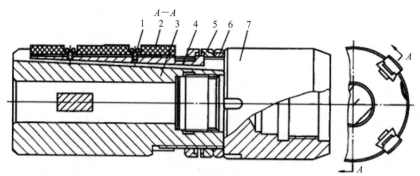

1—螺钉；2—导向块；3—刀体；4—楔形块；5—调节螺母；6—锁紧螺母；7—楔头

图 2-38   深孔铰刀头

（3）套筒零件内孔的精密加工

当套筒零件内孔加工精度要求很高或表面粗糙度值要求很小时，内孔精加工之后还需要进行精密加工。常用的精密加工有精细镗孔、珩磨、研磨、滚压等。研磨多用于手工操作，工人劳动强度较大，通常用于批量不大且直径较小的孔。而精细镗、珩磨、滚压由于加工质量和生产率都比较高，应用比较广泛。

1）精细镗。

精细镗是近年来发展起来的一种很有特色的镗孔方法。由于最初是使用金刚石作刀具材料，所以又称金刚镗。这种方法常用于有色金属合金及铸铁的套筒内孔精密加工，柴油机连杆和气缸套加工中应用较多。为达到加工精度高和表面粗糙度值小的要求，常采用精度高、刚性好和具有高转速的金刚镗床。所采用的刀具选用颗粒细而耐磨的金刚石和硬质合金，经过刃磨和研磨获得锋利的刃口。精细镗孔中，加工余量较小，高速切削下切去截面很小的切屑。由于切削力很小，故尺寸精度能达到IT5级，表面粗糙度 Ra 可达 0.4～0.2μm，孔的几何形状误差小于 3～5μm。

镗削精密孔时，为了便于调刀，可采用微调镗刀（图2-39），以节省对刀时间，保证孔径尺寸。

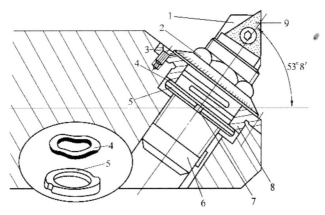

1—镗刀头；2—微调螺母；3—螺钉；4—波形垫圈；5—调节螺母；
6—镗杆；7—导航键；8—固定座套；9—刀片

图 2-39 微调镗刀

2）研磨。

研磨孔的原理与研磨外圆相同。研具通常是采用铸铁制的心棒，表面开槽以存研磨剂。

图 2-40 为研孔用的研具，图 2-40（a）为铸铁粗研具，棒的直径可用螺钉调节；图 2-40（b）为精研用的研具，用低碳钢制成。

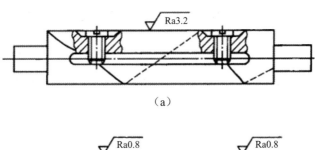

（a）

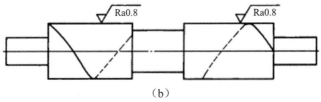

（b）

图 2-40 研磨棒

内孔研磨的工艺特点如下：

①尺寸精度可达 IT6 级以上；表面粗糙度 Ra 为 0.1～0.01μm。

②孔的位置精度只能由前工序保证。

③生产率低，研磨之前孔必须经过磨削、精铰或精镗等工序，对中小尺寸孔，研磨加工余量约为 0.025mm。

3）珩磨。

珩磨是用 4～6 根砂条组成的珩磨头（图 2-41）对内孔进行光整加工。珩磨不但生产率高，并且加工精度也很高，一般尺寸精度可达 IT5～IT6 级，表面粗糙度 Ra 可达 0.8～0.1μm，并能修正孔的几何形状偏差。

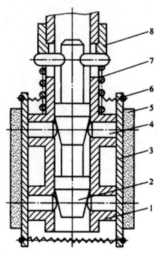

1—本体；2—调整锥；3—砂条座；4—顶块；

5—砂条；6—弹簧箍；7—弹簧；8—螺母

图 2-41　利用螺纹调压的珩磨头

近年来应用塑料和细磨料（金刚砂）混合压制成的珩磨工具，根据不同用途可压制成各种形状，使珩磨不仅能用于加工内孔，还能加工外圆、平面、球面及各种特形表面，如外圆表面的珩磨工具为柱形珩轮，齿轮的珩磨工具为一磨料齿轮。

为进一步提高珩磨生产率，珩磨工艺现在朝着强力珩磨、自动控制尺寸的自动珩磨、电解珩磨和超声波珩磨等方向发展。

珩磨的应用范围很广，可加工铸铁、淬硬或不淬硬的钢件，但不宜加工易堵塞油石的韧性金属零件，珩磨可以加工孔径为 $\phi5$～$\phi500$mm 的孔，也可加工 $L/D>10$ 的深孔，因此珩磨工艺广泛应用于汽车、拖拉机、煤矿机械、机床和军工等生产领域。

4）滚压。

孔的滚压加工原理与滚压外圆相同。由于滚压加工效率高，近年来已有许多企业用滚压工艺来代替珩磨工艺，效果很好。内孔经滚压后，精度在 0.01mm 以内，表面粗糙度 Ra 约为 0.1μm，且表面硬化耐磨，生产效率提高了数倍。

目前珩磨和滚压还在同时使用，其原因是滚压对铸铁件的质量有很大的敏感性，铸铁件硬度不均，表面疏松、气孔和砂眼等缺陷对滚压有很大影响，因此对铸铁件油缸尚未采用滚压工艺。

图 2-42 所示为一油缸滚压头，滚压内孔表面的圆锥形滚柱 3 支承在锥套 5 上，滚压时，圆锥形滚柱与工件有一个斜角，使工件弹性能逐渐恢复，以避免工件孔壁的表面粗糙度值变大。

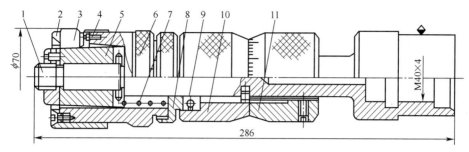

1—心轴；2—盖板；3—圆锥形滚柱；4—销子；5—锥套；6—套圈；7—压缩弹簧；
8—衬套；9—止推轴承；10—过度套；11—调节螺母

图 2-42　油缸滚压头

内孔滚压前，需先通过螺母 11 调整滚压头的径向尺寸。旋转调节螺母可使其相对心轴 1 沿轴向移动，当其向左移动时，推动过渡套 10、止推轴承 9、衬套 8 及套圈 6，经销子 4 使圆锥形滚柱沿锥套的表面左移，结果使滚压头的径向尺寸缩小。当调节螺母向右移动时，由压缩弹簧 7 压移衬套，经止推轴承使过渡套始终紧贴调节螺母的左端面，同时衬套右移时，带动套圈经盖板 2 使圆锥形滚柱也沿轴向位移，结果使滚压头的径向尺寸缩小。滚压头径向尺寸应根据孔的滚压过盈量确定，一般钢材的滚压过盈量为 0.1～0.12mm，滚压后孔径增大 0.02～0.03mm。

径向尺寸调整好的滚压头，滚压过程中圆锥形滚柱所受的轴向力经销子、套圈、衬套作用在止推轴承上，而最终还是经过渡套、调节螺母及心轴传至与滚压头右端 M40×4 相连的刀杆上。当滚压完毕后，滚压头从内孔反向退出时，圆锥形滚柱会受到一个向左的轴向力，此力传给盖板 2，经套圈、衬套将弹簧压缩，实现了向左移动，使滚压头直径缩小，保证了滚压头从孔中退出时不碰伤已经滚压好的孔壁。滚压头完全退出孔壁后，在压缩弹簧力的作用下复位，使径向尺寸又恢复到原始数值。

滚压速度一般可取移 $v=60～80m/min$，进给量 $f=0.25～0.35mm/r$。切削液采用 50%硫化油加 50%柴油或煤油。

2. 保证套类零件表面相对位置精度的方法

从套类零件的技术要求看，套类零件孔、外圆柱间的同轴度及端面与孔的垂直度均有较高要求。为保证这些要求应采用下列方法：

（1）在一次安装中完成内、外圆表面及端面的全部加工。这样做可以消除工件的安装误差，所以可获得很高的相对位置精度。但是，这种方法的工序比较集中，对于尺寸较大（尤其是长径比较大者）的套也不便安装，故该法多用于尺寸较小的轴套零件加工。如此工序为该零件的孔的最终加工，要保证阶梯孔的同轴度要求，采用一次安装将两段阶梯孔磨出。

（2）套类零件主要表面加工分在几次安装中进行。这时，又有两种不同的安排：①先终加工孔，然后以孔为精基准最终加工外圆，这种方法由于所用夹具（例如心轴）结构简单且制造和安装误差较小，因此可获得较高的位置精度，在套类零件加工中一般多采用此法；②先加工外圆，然后以外圆为精基准最终加工孔。采用此法时，工件装夹迅速可靠，但因一般卡盘安装误差较大，加工后的工件位置精度低。当同轴度要求较高时，必须采用定心精度高的夹具，如弹性膜片卡盘、液体塑料夹头以及经过修磨的三爪自定心卡盘等。

三、任务分析

根据薄壁套的结构，合理选择刀具、装夹方法、加工方法，编制数控加工工艺。

四、任务实施

（一）任务准备

（1）准备《数控加工工艺制订与实施》相关教学资料，包括教材、教参、工作任务书等。

（2）准备教学用辅具、典型轴类零件。

（3）准备生产资料，包括机床设备、工艺装备等。

（4）安全文明教育。

（二）任务实施

1. 选择毛坯

零件尺寸变化小，性能要求一般，毛坯选择圆钢。

2. 选择薄壁套的机床

该零件基本表面有内外圆柱表面组成，结构简单，但刚性较差，可以选择数控车床来完成零件的加工。

3. 选择薄壁套的加工刀具

选用 90°外圆车刀、车孔刀。制订刀具卡片，见表 2-6。

表 2-6　数控加工刀具卡片

产品名称或代号：			零件名称：薄壁套		零件图号：	
序号	刀具号	刀具规格及名称	材质	数量	加工表面	备注
1	T01	90°外圆车刀	YT15	1	粗、精车外圆、端面	
2	T02	$\phi18$ 麻花钻	高速钢	1	钻 $\phi18$ 孔	
3	T03	内孔刀	YT15	1	粗、精车内孔	
编制：			审核：			

4. 编制加工工艺

以零件轴线与右端面的交点为编程原点，采用从右到左加工的原则。工艺路线安排如下：

（1）三爪卡盘夹持工件一端约 20mm，车端面（车平即可），车外圆至 $\phi40$mm，长 23mm。

（2）调头软卡爪夹持 $\phi40$mm 外圆，夹持长度 20mm 左右。

（3）钻孔 $\phi18$mm，车另一端面至总长 45mm，车外圆 $\phi38_{-0.1}^{0}$mm 至尺寸要求，长 23mm。

（4）分别加工 $\phi20_{0}^{+0.1}$ mm、$\phi26_{0}^{+0.03}$ mm 孔、深度 $41_{0}^{+0.05}$ mm 及倒角至尺寸要求，如图 2-43 所示。

（5）在机床主轴上安装芯轴，零件安装到芯轴上，以内孔定位轴向螺母夹紧，加工零

件 $\phi 30_{-0.03}^{0}$ mm 外圆、长度 40mm 至尺寸要求，如图 2-44 所示。

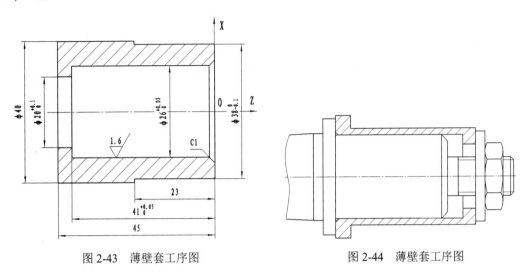

图 2-43　薄壁套工序图　　　　　　　图 2-44　薄壁套工序图

制订加工工艺卡片，见表 2-7。

表 2-7　数控加工工艺卡片

零件名称	薄壁套		零件图号		工件材质	45 号钢
工序号	夹具名称		三爪自定心卡盘、芯轴		车间	
1	车薄壁套左端					
	工步号	工步内容	刀具号	主轴转速/（r/min）	进给量/（mm/r）	背吃刀量/mm	备注
	1	车端面	T01	800	0.15	1	自动
	2	车外圆至 $\phi 40$mm 长 23mm	T01	800	0.15	1	自动
2	调头软卡爪夹持 $\phi 40$mm 外圆，夹持长度 20mm 左右，加工零件右端外圆及内孔						
	1	车端面至总长 45mm	T01	800	0.15	1	自动
	2	钻孔 $\phi 18$mm	T02	500	0.15	1	自动
	3	车外圆 $\phi 38_{-0.1}^{0}$mm 至尺寸	T01	800	0.15	1	自动
	4	车 $\phi 20_{0}^{+0.1}$ mm、$\phi 26_{0}^{+0.03}$ mm 孔、深度 $41_{0}^{+0.05}$ mm 及倒角至尺寸	T03	700	0.1	1	自动
3	在芯轴上安装工件						
	1	粗车 $\phi 30_{-0.03}^{0}$mm 外圆	T01	800	0.2	1.5	自动
	2	精车 $\phi 30_{-0.03}^{0}$mm 外圆	T01	1000	0.1	0.5	自动
4	修毛刺						手动
编制			审核		批准		

五、检查评估

薄壁套的加工工艺评分标准见表 2-8。

表 2-8　薄壁套的加工工艺评分标准

姓名		零件名称	薄壁套		总得分		
项目	序号	检查内容		配分	评分标准	检测记录	得分
工艺夹具	1	毛坯		10	不正确每处扣 5 分		
	2	机床		10	不正确每处扣 5 分		
	3	刀具		20	不正确每处扣 5 分		
	4	加工工艺		40	不合理扣 10 分		
表现	5	团队协作		10	违反操作规程全扣		
	6	考勤		10	不合格全扣		

六、知识拓展

拉削

拉削加工是在拉床上用拉刀对工件进行加工的工艺方法。采用拉刀加工内圆表面的方法称为拉孔。

1. 拉削设备

拉床是拉削加工的主要设备，常用的拉床主要有卧式拉床和立式拉床两类，如图 2-45 所示。

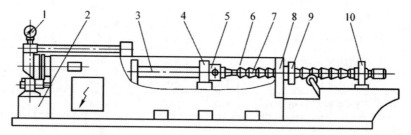

1－压力表；2－液压传动部分；3－活塞拉杆；4－随动支架；5－刀架；6－床身；

7－拉刀；8－支承架；9－工件镗刀杆；10－随动刀架

图 2-45　卧式拉床示意图

2. 拉床的主要用途

拉床主要用于拉削圆孔、方孔、多边形孔、键槽、花键孔、内齿轮等各种型孔，还可以拉削平面、成形面，以及一些用常规方法不便加工的内、外表面，如图 2-46 所示。

3. 拉削常用刀具

拉削加工中，常用的刀具是拉刀，如图 2-47 所示。

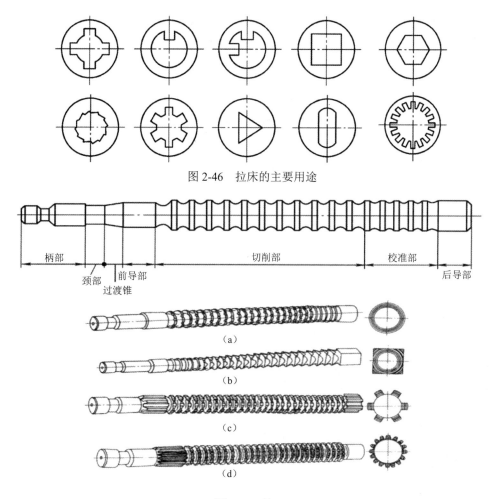

图 2-46　拉床的主要用途

图 2-47　拉刀

4. 拉削方法

拉削加工时，拉床的运动只有拉刀的直线运动，径向进给由刀齿的齿升量保证。

（1）拉削方法

如图 2-48 所示，拉削各种型孔时，工件一般不需要夹紧，只以工件的端面支撑。因此，预加工孔的轴线与端面之间应满足一定的垂直度要求。如果垂直度误差较大，则可将工件端面贴紧在一个球面垫圈上，利用球面自动定位。

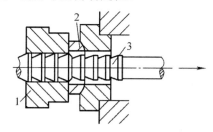

1—工件；2—球面垫圈；3—拉刀

图 2-48　圆孔的拉削

如图 2-49 所示，外表面的拉削一般为非对称拉削、拉削力偏离拉力和工件轴线，因此，除对拉力采用导向板等限位措施外，还须将工件夹紧，以免拉削时工件位置发生偏离。

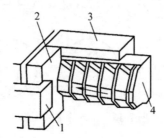

1—压紧元件；2—工件；3—导向板；4—拉刀

图 2-49　拉削 V 型槽

（2）拉削的工艺特点

1）拉削生产率高　拉刀可在一次行程中切除加工表面的全部余量。

2）拉削的加工精度高　拉刀的制造精度高，切削部分分粗切齿和精切齿，校准部分可对加工表面进行校正和修光，所以拉削加工精度较高，一般拉削的加工精度可达 IT9～IT7，表面粗糙度可达 Ra1.6～0.4μm。

3）拉床采用液压传动，故拉削过程平稳。

4）拉刀适应性差　一把拉刀只适用于加工某一尺寸和精度等级的一定形状的加工表面，且不能加工台阶孔、盲孔、薄壁孔和特大直径的孔。

5）刀结构复杂，制造费用高，只适用于大批量生产中。

七、思考与练习

（一）填空题

1．孔常用的加工方法有_____、_____、_____、_____等。

2．对于孔径超过_____的孔，宜分两次钻削。第一次钻孔直径约为第二次的_____。

3．标准麻花钻的切削部分共有_____个切削刃。

4．孔常用的精加工方法有_____、_____、_____、_____等。

5．一般将孔的长度 L 与孔径 D 之比（L/D）_____的孔称为深孔。

（二）选择题

1．下列材料的套筒类零件的内孔精密加工可采用珩磨的是（　　）。

　　A．铸铁　　　　　　B．铜　　　　　　C．淬硬的钢件　　　D．不淬硬的钢件

2．铰孔的表面粗糙度值可达 Ra（　　）μm。

　　A．0.8～3.2　　　　B．6.3～12.5　　　C．3.2～6.3

3．麻花钻的两个螺旋槽表面就是（　　）。

　　A．主后刀面　　　　B．副后刀面　　　C．前刀面　　　　　D．切削平面

4．用标准铰刀铰削 H7～H8、D<30mm、Ra1.6μm 的内孔，其工艺过程一般是（　　）。

A. 钻孔→扩孔→铰孔　　　　B. 钻孔→扩孔→粗铰→精铰

C. 钻孔→扩孔　　　　　　　D. 钻孔→铰孔

5. 深孔加工应采用（　　）方式进行。

A. 工件旋转　　　B. 刀具旋转　　　C. 任意

（三）简答题

1. 保证套类零件位置精度的工艺措施有哪些？各有什么特点？

2. 防止套类零件变形的工艺措施有哪些？

3. 套类零件的孔有哪些常用加工方法？各有什么特点？

4. 钻孔、扩孔和铰孔的刀具结构、加工质量和工艺特点有何不同？

5. 试编制如图 2-50 所示缸套的加工工艺。

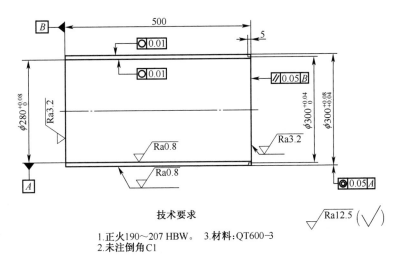

技术要求

1. 正火190～207 HBW。　3. 材料：QT600-3

2. 未注倒角C1

图 2-50　缸套

项目三　泵盖的数控加工工艺制订与实施

现生产如图 3-1 泵盖，该泵盖材料为 HT20-40。生产纲领为 1000 台/年。为该零件制订数控加工工艺。

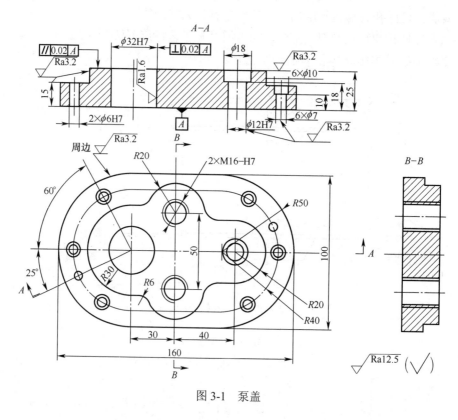

图 3-1　泵盖

任务 1　选择泵盖的毛坯、机床、刀具

一、任务描述

如图 3-1 所示为泵盖零件图，试根据零件图给出的相关信息，正确地分析零件的主要技术要求和结构工艺性，为加工该零件选定毛坯、机床、刀具。

二、任务资讯

（一）数控铣削零件的结构工艺性

零件的结构工艺性是指根据加工工艺特点，对零件的设计所产生的要求，也就是说，零件的结构设计会影响或决定工艺性的好坏。根据铣削加工特点，从以下几方面来考虑结构工艺性特点。

1. 零件图样尺寸的正确标注

由于加工程序是以准确的坐标点来编制的，因此，各图形几何要素间的相互关系（如相切、相交、垂直和平行等）应明确，各种几何要素的条件要充分，应无引起矛盾的多余尺寸或影响工序安排的封闭尺寸等。

2. 保证获得要求的加工精度

虽然数控机床精度很高，但在一些特殊情况下，数据机床的精度也难以保证。例如过薄的底板与肋板，因为加工时产生的切削拉力及薄板的弹性退让极易产生切削面的振动，使薄板厚度尺寸公差难以保证，其表面粗糙度也将增大。根据实践经验，对于面积较大的薄板，当其厚度小于 3mm 时，就应在工艺上充分重视这一问题。

3. 尽量统一零件轮廓内圆弧的有关尺寸

轮廓内圆弧半径 R 常常限制刀具的直径。如图 3-2 所示，工件的被加工轮廓高度低，转接圆弧半径也大，可以采用较大直径的铣刀来加工，这样，加工其底板面时，进给次数相应减少，表面加工质量也会好一些，因此工艺性较好。反之，数控铣削工艺性较差。一般来说，当 $R \leq 0.2H$（H 为被加工轮廓面的最大高度）时，可以判定零件上该部位的工艺性不好。

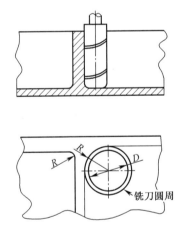

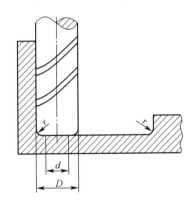

图 3-2 肋板的高度与内转接圆弧
对零件铣削工艺性的影响

图 3-3 底板与肋板的转接圆弧
对零件铣削工艺性的影响

对于侧壁与底平面相交处的圆角半径 r（如图 3-3 所示）越小越好，r 越大，铣刀端刃铣削平面的能力越差，效率越低。当 r 大到一定程度时甚至必须用球头铣刀加工，效率最低，这是应当避免的。因为铣刀与铣削平面接触的最大直径 $d = D - 2r$（D 为铣刀直径），当 D 越大而 r 越小时，铣刀端刃铣削平面的面积越大，加工平面的能力越强，铣削工艺性当然也越好。有时，当铣削的底面面积较大，底部圆弧 r 也较大时，只能用两把 r 不同的铣刀（一把刀的 r 小些，另一把刀的 r 符合零件图样的要求）分成两次进行切削。

在一个零件上的这种凹圆弧半径在数值上的一致性对数控铣削的工艺性要求显得相当

重要。一般来说，即使不能寻求完全统一，也要力求将数值相近的圆弧半径分组靠拢，达到局部统一，以尽量减少铣刀规格与换刀次数，并避免因频繁换刀而增加的零件加工面上的接刀痕，降低表面质量。

4. 保证基准统一

有些零件需要在铣完一面后再重新安装铣削另一面，由于数控铣削时不能使用通用铣床加工时常用的试切法来接刀，往往会因为零件的重新安装而接不好刀。这时，最好采用统一基准定位，因此零件上应有合适的孔作为定位基准孔。如果零件上没有基准孔，也可以专门设置工艺孔作为定位基准，如可在毛坯上增加工艺凸台或在后继工序要铣去的余量上设基准孔。

5. 分析零件的变形情况

零件在数控铣削加工时的变形，不仅影响加工质量，而且当变形较大时，将使加工不能继续进行下去。这时就应当考虑采取一些必要的工艺措施进行预防，如对钢件进行调质处理，对铸铝件进行退火处理，对不能用热处理方法解决的零件，也可考虑粗、精加工及对称去余量等常规方法。

6. 毛坯的结构工艺性

除了上面讲到的有关零件的结构工艺件外，有时需要考虑到毛坯的结构工艺性，因为在数控铣削加工零件时，加工过程是自动的，毛坯余量的大小、如何装夹等问题在选择毛坯时就要仔细考虑好，否则，一旦毛坯不适合数控铣削，加工将很难进行下去。根据经验，确定毛坯的余量和装夹应注意以下两点：

（1）毛坯加工余量应充足和尽量均匀

毛坯主要指锻件、铸件。因锻模时的欠压量与允许的错模量会造成余量的不等；铸造时也会因砂型误差、收缩量及金属液体的流动性差不能充满型腔等造成余量的不等。此外，锻造、铸造后，毛坯的挠曲与扭曲变形量的不同也会造成加工余量不充分、不稳定。因此除板料外，不论是锻件、铸件还是型材，只要准备采用数控加工，其加工面均应有较充分的余量。

对于热轧中、厚钢板，经淬火时效后很容易在加工中、加工后出现变形现象，所以需要考虑在加工时要不要分层切削、分几层切削，一般尽量做到各个加工表面的切削余量均匀，以减少内应力所致的变形。

（2）分析毛坯的装夹适应件

主要考虑毛坯在加工时定位和夹紧的可靠性与方便性，以便在一次安装中加工出尽量多的表面。对于不便装夹的毛坯，可考虑在毛坯上另外增加装夹余量或工艺凸台、工艺凸耳等辅助基准。如图3-4所示，由于该工件缺少合适的定位基准，可在毛坯上铸出三个工艺凸耳，在工艺凸耳上加工出定位基准孔。

7. 数控铣削加工的尺寸精度

数控铣削加工所能得到的经济精度和表面粗糙度见表3-1。

普通数控机床和加工中心的加工精度可达±（0.01～0.005）mm，精密级加工中心的加工精度可达±（1～1.5）μm。

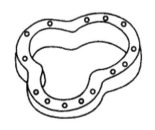

图 3-4　增加毛坯工艺凸耳示例

表 3-1　数控铣削加工的经济精度和表面粗糙度

加工表面	加工方法	经济精度等级 IT	表面粗糙度 Ra
平面	粗铣	11～13	12.5～50
	精铣	8～10	1.6～6.3
孔	钻孔	11～12	12.5～25
	粗镗	11～12	6.3～12.5
	半精镗	8～9	1.6～3.2
	精镗、铰	7～8	0.8～1.6

（二）铸造毛坯的确定

该泵盖材料为 HT20-40，因此可以得到该零件毛坯为铸件。根据铸造方法的不同，铸件可分为以下几种。

（1）砂型铸造的铸件

这是应用最为广泛的一种铸件。它有木模手工造型和金属模机器造型之分。木模手工造型铸件精度低，加工表面需留较大的加工余量；木模手工造型生产效率低，适用于单件小批生产或大型零件的铸造。金属模机器造型生产效率高，铸件精度也高，但设备费用高，铸件的重量也受限制，适用于大批量中小型铸件的生产。

（2）金属型铸造铸件

将熔融的金属浇注到金属模具中，依靠金属自重充满金属铸型腔而获得的铸件称为金属型铸造铸件。这种铸件比砂型铸造铸件精度高，表面质量和力学性能好，生产效率也较高，但需专用的金属型腔模，适用于大批量生产中的尺寸不大的有色金属铸件生产。

（3）离心铸造铸件

将熔融金属注入高速旋转的铸型内，在离心力的作用下，金属液充满型腔而形成的铸件。这种铸件晶粒细，金属组织致密，零件的力学性能好，外圆精度及表面质量高，但内孔精度差，且需要专门的离心浇注机，适用于批量较大的黑色金属和有色金属的旋转体铸件生产。

（4）压力铸造铸件

将熔融的金属在一定的压力作用下，以较高的速度注入金属型腔内而获得的铸件。这种铸件精度高，可达 IT11～IT13；表面粗糙度值小，可达 Ra3.2～0.4μm；铸件力学性能好。可铸造各种结构较复杂的零件，铸件上各种孔眼、螺纹、文字及花纹图案均可铸出。但需要一套昂贵的设备和型腔模。适用于批量较大的形状复杂、尺寸较小的有色金属铸件生产。

（5）精密铸造铸件

将石蜡通过型腔模压制成与工件一样的蜡制件，再在蜡制工件周围粘上特殊型砂，凝固后将其烘干焙烧，蜡被蒸化而放出，留下工件形状的模壳，用来浇注。精密铸造铸件精度高，表面质量好。一般用来铸造形状复杂的铸钢件，可节省材料、降低成本，是一项先进的毛坯制造工艺。

（三）数控铣削常用刀具

铣刀是用于铣削加工的、具有一个或多个刀齿的旋转刀具。工作时各刀齿依次间歇地切去工件的余量。铣刀主要用于在铣床上加工平面、台阶、沟槽、成形表面和切断工件等。数控铣床上所采用的刀具要根据被加工零件的材料、几何形状、表面质量要求、热处理状态、切削性能及加工余量等，选择刚性好、耐用度高的刀具。

1. 铣刀按刀具结构分类

（1）整体式：刀体和刀齿制成一体。

（2）整体焊齿式：刀齿用硬质合金或其他耐磨刀具材料制成，并钎焊在刀体上。

（3）镶齿式：刀齿用机械夹固的方法紧固在刀体上。这种可换的刀齿可以是整体刀具材料的刀头，也可以是焊接刀具材料的刀头。刀头装在刀体上刃磨的铣刀称为体内刃磨式；刀头在夹具上单独刃磨的称为体外刃磨式。

（4）可转位式（见可转位刀具）：这种结构已广泛用于面铣刀、立铣刀和三面刃铣刀等。

2. 铣刀按齿背的加工方式分类

（1）尖齿铣刀：在后面上磨出一条窄的刃带以形成后角，由于切削角度合理，其寿命较高。尖齿铣刀的齿背有直线、曲线和折线三种形式。直线齿背常用于细齿的精加工铣刀。曲线和折线齿背的刀齿强度较好，能承受较重的切削负荷，常用于粗齿铣刀。

（2）铲齿铣刀：其后面用铲削（或铲磨）方法加工成阿基米德螺旋线的齿背，铣刀用钝后只需重磨前面，能保持原有齿形不变，用于制造齿轮铣刀等各种成形铣刀。

3. 普通数控铣刀

普通数控铣刀按用途一般分为面铣刀、立铣刀以及模具铣刀、键槽铣刀、成形铣刀、鼓形铣刀。

（1）面铣刀：面铣刀主要用于加工较大的平面，如图 3-5 所示。面铣刀的圆周表面和端面都有切削刃，圆周表面上的切削刃为主切削刃，端部切削刃为副切削刃。

面铣刀多制成套式镶齿结构，刀齿为高速钢或硬质合金，刀体为 40Cr。与高速钢相比，硬质合金面铣刀的切削速度较高，可获得较高的加工效率和加工表面质量，并可加工带有硬皮和淬硬层的工件，故得到广泛应用。硬质合金面铣刀按刀片和刀齿的安装方式不同，可分为整体焊接式、机夹焊接式和可转位式三

图 3-5　面铣刀

种，如图 3-6 所示。由于整体焊接式和机夹焊接式面铣刀难以保证焊接质量，刀具耐用度低，重磨较费时，因此目前数控加工应用较多的是可转位硬质合金面铣刀。

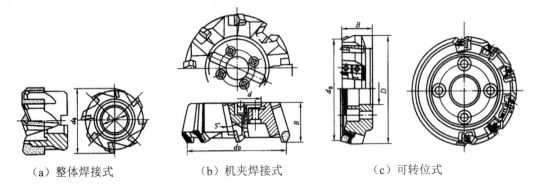

（a）整体焊接式　　　　　（b）机夹焊接式　　　　　（c）可转位式

图 3-6　硬质合金面铣刀

（2）立铣刀：立铣刀是数控加工中应用最多的一种铣刀，主要用于加工凹槽、较小的台阶面以及平面轮廓，如图 3-7 所示。立铣刀的圆柱表面和端面上都有切削刃，它们可同时进行切削，也可单独进行切削。立铣刀圆柱表面的切削刃为主切削刃，端面上的切削刃为副切削刃。副切削刃主要用于加工与侧面垂直的底平面。注意，因为普通立铣刀的端面中间有凹槽无切削刃，所以一般不可以做轴向进给。

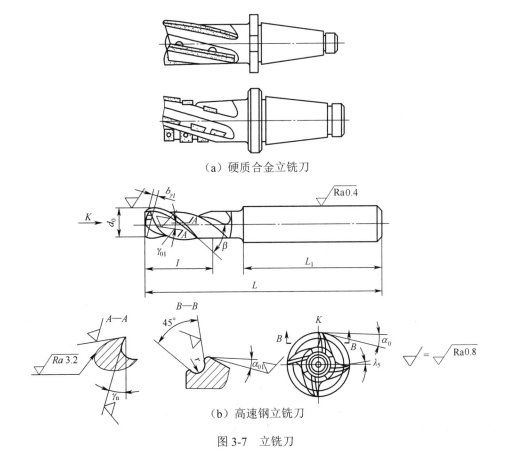

（a）硬质合金立铣刀

（b）高速钢立铣刀

图 3-7　立铣刀

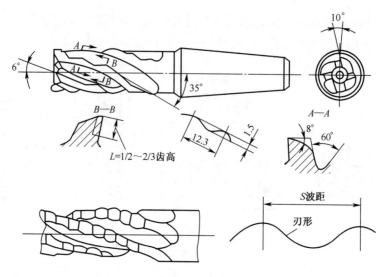

（c）波形立铣刀

图 3-7　立铣刀（续图）

立铣刀按端部切削刃的不同可分为过中心刃和不过中心刃两种，按螺旋角大小可分为30°、40°、60°等几种。按齿数可分为粗齿、中齿、细齿三种。数控加工除了用普通的高速钢立铣刀外，还广泛使用以下几种先进的结构类型：

1）整体式立铣刀：硬质合金立铣刀侧刃采用大螺旋升角（≤62°）结构。立铣刀头部的过中心端刃往往呈弧线或螺旋中心刃型、负刃倾角，增大切削刃长度，提高了切削平稳性、工件表面精度及刀具寿命。满足数控高速、平稳、三维铣削加工的技术要求。

2）可转位立铣刀：可转位立铣刀由可转位刀片组合而成，用于侧齿、端齿、过中心刃端齿的加工。满足数控高速、平稳、三维铣削加工的技术要求。

3）波形立铣刀：其结构如图 3-7（c）所示，能将狭长的薄切屑变成厚而短的碎切屑，使排屑变得流畅。相比普通铣刀而言，更容易切进工件，在相同进给量的条件下其切削厚度要大些，并且减少了切削刃在工件表面的滑动现象，从而提高了刀具的寿命。与工件接触的切削刃长度较短，刀具不容易产生振动。由于切削刃是波形的，因而使刀刃的长度增加，有利于散热。

（3）模具铣刀：由立铣刀发展而成，它是加工金属模具型面的铣刀的统称，如图 3-8所示。模具铣刀可分为圆锥形立铣刀、圆柱形球头立铣刀、圆锥形球头立铣刀三种，其柄部有直柄、削平型直柄和莫氏锥柄三种。模具铣刀的结构特点是球头或端面上布满了切削刃，圆周刃与球头刃圆弧连接，可以作径向和轴向进给。模具铣刀的工作部分由高速钢或硬质合金制造。硬质合金制造的模具铣刀如图 3-9 所示。国家标准中模具铣刀的直径范围为4～63mm。

（4）键槽铣刀：如图 3-10 所示，键槽铣刀有两个刀齿，圆柱面和端面都有切削刃，端面刃延至中心，也可以把它看成立铣刀的一种。按国家标准规定，直柄键槽铣刀直径为2～22mm，锥柄键槽铣刀直径为 14～50mm。键槽铣刀的直径偏差有 e8 和 d8 两种。加工时先轴向进给达到槽深，然后沿键槽方向铣出键槽全长。由于切削刃会引起刀具和工件变形，一次走刀铣出的键槽形状误差较大，槽底一般不是直角，因此通常采用两步法铣削键槽，即先用小号铣刀粗加工出键槽，然后以逆铣方式精加工四周，可得到真正的直角，能获得最佳的加工精度。

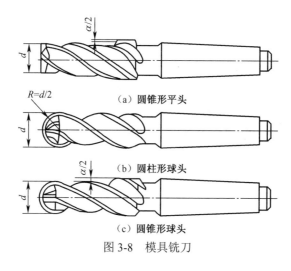

图 3-8 模具铣刀

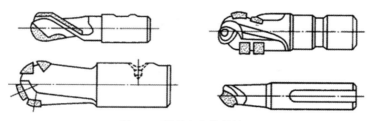

图 3-9 硬质合金模具铣刀

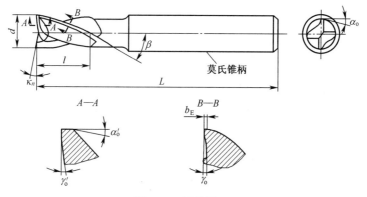

图 3-10 键槽铣刀

（5）成形铣刀：如图 3-11 所示，成形铣刀一般都是为特定的工件或加工内容专门设计制造的。如角度面、凹槽、特性孔或台。

（6）鼓形铣刀：如图 3-12 所示，鼓形铣刀的切削刃分布在半径为 R 的圆弧面上，端面无切削刃。加工时控制刀具上下位置，相应该面刀刃的切削部位，可以在工件上切出从负到正的不同斜角。由于鼓形铣刀的鼓径可以做得比球头铣刀的球径大，所以加工后的残留面积高度小，加工效果比球头铣刀好。R 越小，鼓形铣刀所能加工的斜角范围越广，但获得的表面质量也越差。这种铣刀的缺点是刃磨困难，切削条件差，并且不适合加工有底的轮廓表面。

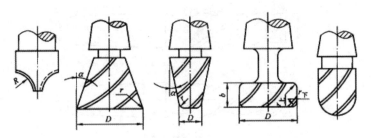

图 3-11　成形铣刀

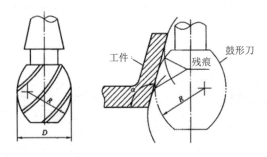

图 3-12　鼓形铣刀

（四）数控机床

1. 数控铣床及其加工范围

典型的立式数控铣床如图 3-13 所示。主轴带动刀具旋转，主轴箱可上下移动，工作台可沿横向和纵向移动。由于大部分数控铣床具有三个及三个以上轴的联动功能，因此具有空间曲面的零件可以在数控铣床上加工。

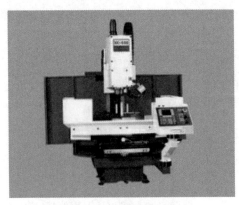

图 3-13　立式数控铣床

数控铣削是机械加工中最常用和最主要的数控加工方法之一，它除了能铣削普通铣床所能铣削的各种零件表面外，还能铣削普通铣床不能铣削的需 2～5 坐标联动的各种平面轮廓和立体轮廓。根据数控铣床的特点，从铣削加工的角度来考虑，适合数控铣削的主要加工对象有三类。

（1）平面类零件

加工平行或垂直于水平面，或加工面与水平面的夹角为定角的零件为平面类零件，如箱体、盘、套、板类等平面零件（图 3-14）。加工内容包括内外形轮廓、筋台、各类槽形及台肩、孔系、花纹图案等。目前在数控铣床上加工的绝大多数零件属于平面类零件。平面类零件的特点是各个加工面是平面或可以展开成平面。

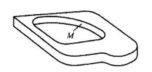

（a）带平面轮廓的平面零件　　　　　　　（b）带斜平面的平面零件

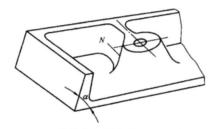

（c）带锥台和斜筋的平面零件

图 3-14　平面类零件

例如图 3-14 中的曲线轮廓面 M 和锥台面 N，展开后均为平面。平面类零件是数控铣削加工对象中最简单的一类零件，一般只需用三坐标数控铣床的两坐标联动（即两轴半坐标联动）就可以加工出来。

（2）变斜角类零件

加工面与水平面的夹角呈连续变化的零件称为变斜角类零件。如飞机上的整体梁、框、缘条与肋等，此外还有检验夹具与装配型架等也属于变斜角类零件。图 3-15 所示是飞机上的一种变斜角梁缘条，该零件的上表面在第 2 肋至第 5 肋的斜角从 3°10′ 均匀变化为 2°32′，从第 5 肋至第 9 肋再均匀变化为 1°20′，从第 9 肋至第 12 肋又均匀变化为 0°。

变斜角类零件的变斜角加工面不能展开为平面，但在加工中，加工面与铣刀圆周接触的瞬间为一条线。最好采用四坐标或五坐标数控铣床摆角加工，在没有上述机床时，可采用三坐标数控铣床，进行两轴半坐标近似加工。

（3）曲面类零件

加工面为空间曲面的零件称为曲面类零件，如模具、叶片、螺旋桨等。曲面类零件的加工面不能展开为平面，加工时，加工面与铣刀始终为点接触。加工曲面类零件一般采用三坐标数控铣床。当曲面较复杂、通道较狭窄、会伤及毗邻表面及需刀具摆动时，要采用四坐标或五坐标铣床及加工中心。

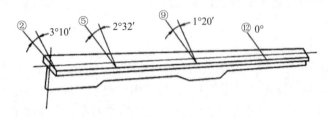

图 3-15　变斜角类零件

2. 加工中心及其加工范围

如果给数控铣床配上刀库和自动换刀装置就构成了加工中心。图 3-16 所示为立式加工中心。加工中心的刀库可以存放数十把刀具，由自动换刀装置进行调用和更换。工件在加工中心上一次装换刀装置进行调用和更换。工件在加工中心上一次装夹可完成多项加工内容，生产效率比数控铣床大大提高。图 3-17 为卧式加工中心。不仅具有回转刀库，有的机床还具有交换托盘，当一个工件正在加工时，可以在交换托盘内装夹下一个工件。当前一个工件加工完毕，下一个将要加工的工件会自动移动到工作台上，从而节约了工件装夹的时间。

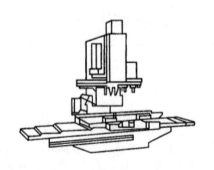
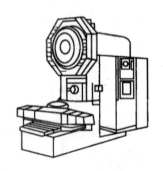

图 3-16　立式加工中心　　　　　图 3-17　卧式加工中心

针对加工中心的工艺特点，加工中心适宜于加工形状复杂、加工内容多、要求较高，需多种类型的普通机床和众多的工艺装备，且经多次装夹和调整才能完成加工的零件。主要加工对象有下列几种。

（1）既有平面又有孔系的零件

加工中心具有自动换刀装置，在一次安装中，可以完成零件上平面的铣削，孔系的钻削、镗削、铰削、铣削及攻螺纹等多工步加工。加工的部位可以在一个平面上，也可以在不同的平面上。因此，既有平面又有孔系的零件是加工中心首选的加工对象，这类零件常见的有箱体类零件和盘、套、板类零件。

1）箱体类零件　箱体类零件种类很多。箱体类零件一般要进行多工位孔系及平面加工，如图 3-18（a）所示，精度要求较高，特别是形状精度和位置精度较严格，通常要经过铣、钻、扩、镗、铰、锪、攻螺纹等工步，需要刀具较多，在普通机床上加工难度大，工装套数多，精度不易保证。在加工中心上一次安装可完成普通机床 60%～95% 的工序内容，零件各项精度一致性好，质量稳定，生产周期短。

2）盘、套、板类零件　这类零件端面上有平面、曲面和孔系，径向也常分布一些径向孔，如图 3-18（b）所示的盘类零件。加工部位集中在单一端面上的盘、套、板类零件宜选择立式加工中心，加工部位不是位于同一方向表面上的零件宜选择卧式加工中心。

（a）箱体类零件　　　　　　　　　　　　（b）盘类零件

图 3-18　以平面和孔为主的零件

（2）结构形状复杂、普通机床难以加工的零件

主要表面由复杂曲线、曲面组成的零件，加工时，需要多坐标联动加工，这在普通机床上是难以甚至无法完成的，加工中心是加工这类零件的最有效的设备。最常见的典型零件有以下几类：

1）凸轮类　这类零件有各种曲线的盘形凸轮、圆柱凸轮、圆锥凸轮和端面凸轮等，加工时，可根据凸轮表面的复杂程度，选用三轴、四轴或五轴联动的加工中心。

2）整体类　叶轮整体叶轮常见于空气压缩机、航空发动机的压气机、船舶水下推进器等，它除具有一般曲面加工的特点外，还存在许多特殊的加工难点，如通道狭窄，刀具很容易与加工表面和临近曲面产生干涉等。图 3-19 所示是叶轮，它的叶面是典型的三维空间曲面，加工这样的型面，可采用四轴以上的加工中心。

3）模具类　常见的模具有锻压模具、铸造模具、注塑模具及橡胶模具等。图 3-20 所示为某型眼镜的注塑模具，由于工序高度集中，动模、静模等关键件基本上可在一次安装中完成全部的机加工内容，尺寸累计误差及修配工作量小。同时，模具的可复制性强，互换性好。

图 3-19　叶轮　　　　　　　　图 3-20　眼镜注塑模具

（3）外形不规则的异型零件

异型零件是指外形不规则的零件，大多要点、线、面多工位混合加工。由于外形不规则，普通机床上只能采取工序分散的原则加工，需用工装较多，周期较长。利用加工中心多工位点、线、面混合加工的特点。可以完成大部分甚至全部工序的加工。

（4）加工精度较高的中小批量零件

针对加工中心的加工精度高、尺寸稳定的特点，对加工精度较高的中小批量零件，选择加工中心加工，容易获得所要求的尺寸精度和形状位置精度，并可得到很好的互换性。

三、任务分析

该产品为典型的板类零件，产品形状清晰，结构要素由平面、内外轮廓、通孔组成，凹槽中间的凸台（岛屿）、中间的凹槽深度及孔的加工尺寸精度、表面质量要求较高，内轮廓形状相对复杂，各结构要素间有相互位置要求。普通铣床无法直接加工，为保证产品质量需选择先进的数控机床。

四、任务实施

（一）任务准备

（1）准备《数控加工工艺制订与实施》相关教学资料，包括教材、教参、工作任务书等。

（2）准备教学用辅具、典型轴类零件。

（3）准备生产资料，包括机床设备、工艺装备等。

（4）安全文明教育。

（二）任务实施

1. 泵盖的技术要求分析

（1）尺寸精度

泵盖零件的尺寸精度主要指孔的直径尺寸精度。有两处精度孔，其尺寸公差等级为 7 级，其余部位精度都低于该公差要求。

（2）位置精度

泵盖的主要位置精度要求为上平面对底平面的平行度为 0.02mm；$\phi 32$ 轴线对底平面的垂直度为 0.02mm。

（3）表面粗糙度

$\phi 32$ 孔的表面质量要求为 Ra1.6μm，其余为 Ra3.2μm。

2. 泵盖的结构工艺性分析

（1）泵盖组成表面的形式

泵盖基本表面有平面、直孔、台阶孔、螺孔等，孔的种类较多，用的刀具较多。

（2）构成零件的各表面的组合关系

该零件结构合理，属于盘类零件，孔的种类多。

3. 加工工序的安排

先粗加工上下平面，再加工轮廓，最后加工孔，孔按照直径从小到大的顺序加工。

4. 毛坯选择

板类零件结构复杂，一般选择铸件。

5. 选择机床

泵盖为典型的板类零件，由平面、内外轮廓、通孔、台阶孔、螺孔等组成，尺寸精度、表面质量要求较高，内轮廓形状相对复杂，各结构要素间有相互位置要求。根据零件结构应选择铣床，因零件精度高，加工部位较多，应选择数控铣床或加工中心，有条件最好选择加工中心。

6. 刀具选择

所需刀具有面铣刀、立铣刀、镗刀、中心钻、麻花钻、铰刀及丝锥等，其规格根据加工尺寸选择。

上、下平面粗铣铣刀直径应选小一些，以减小切削力矩，但也不能太小，以免影响加工效率；上、下平面精铣铣刀直径应选大一些，以减少接刀痕迹，但要考虑到刀库允许装刀直径也不能太大。

台阶面及其轮廓采用立铣刀加工，粗加工由于要考虑生产效率以及刀具的刚性，刀具直径应选择大些，可选择 $\phi16$ 的立铣刀，精加工时铣刀半径 R 受轮廓最小曲率半径限制，由图可知，选取 $R=6$ 的立铣刀。

外轮廓加工该泵盖零件可以直接选取 $\phi35$ 的立铣刀进行粗、精加工。孔加工各工步的刀具直径根据加工余量和孔径确定。

数控加工刀具卡片如表 3-2 所示。

表 3-2 数控加工刀具卡片

产品名称或代号			零件名称	泵盖	零件图号	
序号	刀具号	刀具规格名称/mm	数量	加工表面/mm		备注
1	T01	硬质合金面铣刀 $\phi120$	1	铣上、下平面		
2	T02	$\phi16$ 硬质合金立铣刀	1	粗铣台阶面及轮廓		
3	T03	$\phi12$ 硬质合金立铣刀	1	精铣台阶面及轮廓		
4	T04	$\phi3$ 中心钻	1	钻中心孔		
5	T05	麻花钻 $\phi27$	1	钻 $\phi32H7$ 孔至尺寸 $\phi27$		
6	T06	内孔镗刀	1	粗镗、精镗 $\phi32H7$ 孔		
7	T07	$\phi11.8$ 钻头	1	钻 $\phi12H7$ 孔		
8	T08	$\phi18$ 钻	1	$\phi18$ 沉孔		
9	T09	$\phi12H7$ 铰刀	1	铰 $\phi12H7$ 孔		
10	T10	$\phi14$ 钻头	1	钻 $2\times M16$ 螺纹底孔		
11	T11	90° 钻	1	$2\times M16$ 螺纹倒角		
12	T12	M16 机用丝锥	1	攻 $2\times M16$ 螺纹		
13	T13	$\phi7$ 钻头	1	钻 $\phi7$ 孔		
14	T14	$\phi10$ 钻头	1	$6\times\phi10$ 孔		

产品名称或代号			零件名称	泵盖	零件图号	
序号	刀具号	刀具规格名称/mm	数量	加工表面/mm		备注
15	T15	ϕ5.8 钻头	1	钻 2×ϕ6H8 孔		
16	T16	ϕ6H8 铰刀	1	铰 2×ϕ6H8 孔		
17	T17	ϕ35 硬质合金立铣刀	1	铣外轮廓		
编制		审核		批准		共　页　第　页

五、检查评估

泵盖的加工工艺评分标准见表 3-3。

表 3-3　泵盖的加工工艺评分标准

姓名			零件名称	泵盖	总得分		
项目	序号	检查内容		配分	评分标准	检测记录	得分
工、夹、刀具	1	毛坯		10	不合理每处扣 5 分		
	2	机床		10	不合理每处扣 5 分		
	3	刀具		20	不合理每处扣 5 分		
	4	加工工艺分析		40	不合理每处扣 10 分		
表现	5	团队协作		10	根据具体协作扣分		
	6	考勤		10	根据出勤情况扣分		

六、知识拓展

镗铣类工具系统

在生产中广泛应用镗铣加工中心来加工各种不同的工件,所以刀具装夹部分的结构、尺寸也是各种各样的。把通用性较强的装夹工具系列化、标准化就发展出不同结构的镗铣类工具系统,一般分为整体式结构和模块式结构两大类,其型号具体规格可查阅相关手册。

1. 整体式工具系统

镗铣类整体式工具系统,即 TSG 整体式工具系统。它是把工具柄部和装夹刀具的工作部分做成一体。要求不同工作部分都具有同样结构的刀柄,以便与机床的主轴相连,所以具有可靠性强、使用方便、结构简单、调换迅速的特点。但是,工具的规格、品种繁多,给生产、使用和管理带来诸多不便。

不同品种和规格的工作部分都必须带有与机床主轴相连接的柄部。属于这种类型的工具系统有日本的 TMT 系统和我国的 TSG82 系统,TSG82 系统中各工具型号由汉语拼音字母和数字组成。其组成、表示方法和书写格式见表 3-4。各种工具柄部的型式和尺寸代号见

表 3-5。TSG82 工具系统中各种工具的组合型式及系统中部分辅具与刀具组合型式如图 3-21 所示。

表 3-4 TSG82 工具系统型号的组成和表示法

型号的组成	前段		后段	
表示方法	字母表示	数字表示	字母表示	数字表示
符号意义	柄部形式	柄部尺寸	工具用途、种类或结构型式	工具的规格
举例	JT	50	KH	40—82
书写格式	JT50—KH40—82			

表 3-5 TSG82 工具系统工具柄部的型式和尺寸代号

柄部的型式		柄部的尺寸	
代号	代号的意义	代号的意义	举例
JT	加工中心机床用锥柄柄部，带机械手夹持槽	ISO 锥度号	50
ST	一般数控机床用锥他柄部，无机械手夹持槽	ISO 锥度号	40
MTW	无扁尾莫氏锥柄	莫氏锥度号	3
MT	有扁尾莫氏锥柄	莫氏锥度号	1
ZB	直柄接杆	直径尺寸	32
KH	7:24 锥度的锥柄接杆	锥柄的锥度号	45

数控刀具刀柄　常用的工具柄部形式有 JT、BT、ST 三种，它们可直接与机床主轴连接。JT 表示采用国际标准 ISO7388 制造的加工中心机床用锥柄柄部（带机械手夹持槽）；BT 表示采用日本标准 MAS403 制造的加工中心机床用锥柄柄部（带机械手夹持槽）；ST 表示按 GB3837 制造的数控机床用锥柄（无机械手夹持槽）。

工具柄部是指工具系统与机床主轴连接的部分。目前镗铣类数控机床及加工中心多采用 7:24 工具圆锥柄。这类锥柄不自锁，换刀比较方便；比直柄有更高的定心精度与刚度。为了达到较高的换刀精度，柄部应有较高的制造精度。其缺点主要表现在：轴向定位精度差；刚度不能满足要求；高速旋转时会导致机床主轴孔产生扩张量；尺寸大、重量大、拉紧力大；换刀时间长。GB/T10944—1989 所规定的自动换刀机床用 7:24 圆锥工具柄部，结构如图 3-22 所示，尺寸查有关工具书。

HSK 自动换刀空心柄，刀柄采用 1:10 的锥度，锥体比标准的 7:24 锥短，其结构型式如图 3-23 所示。

2. 模块式工具系统

为了克服整体式工具系统规格品种繁多，给生产、使用和管理带来诸多不便的缺点，而把工具的柄部和工作部分分开，制成各种系列化的模块。然后用不同规格的中间模块，组装成不同用途、不同规格的模块式工具，从而方便了制造、使用和保管，减少工具储备。镗铣类模块式工具系统（即 TMG 工具系统）是把整体式刀具分解成柄部（主柄模块）、中间连接块（连接模块）、工作头部（工作模块）三个主要部分，然后通过各种连接结构，在保证刀杆连接精度、强度、刚性的前提下，将这三部分连接成整体。

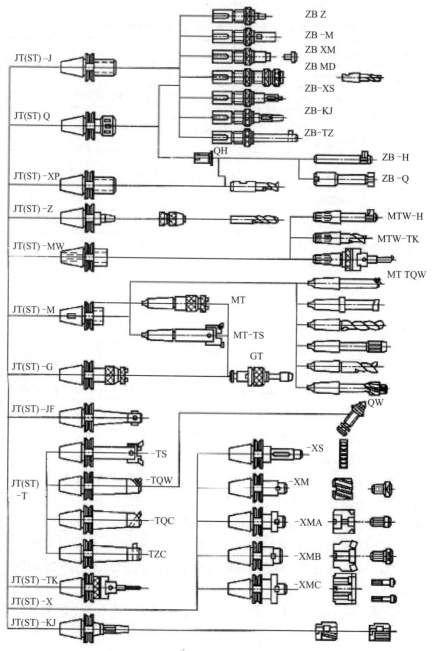

图 3-21 TSG82 工具系统图

这种工具系统可以用不同规格的中间连接块，组成各种用途的模块工具系统，既灵活、方便，又大大减少了工具的储备，它既可用于加工中心和数控铣床，又可用于柔性加工系统（FMS 和 FMC）。例如国内生产的 TMG10、TMG21 模块工具系统，发展迅速，应用广泛，是加工中心使用的基本工具。

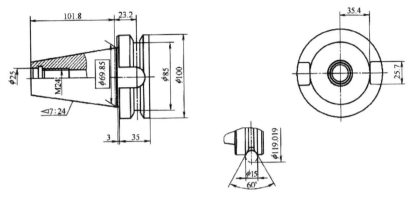

图 3-22　自动换刀机床用 7:24 圆锥工具柄部

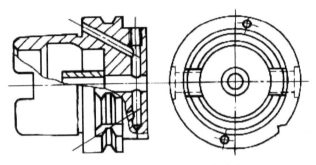

图 3-23　圆锥空心柄的结构型式

七、思考与练习

（一）填空题

1. 铣刀按刀具结构可分为_____、_____、_____和_____四种。

2. 铣刀按齿背的加工方式分为_____、_____两类。

3. 立铣刀按齿数分可分为_____、_____、_____三种。

4. 铣削平面轮廓曲线工件时，铣刀半径应_____工件轮廓的_____凹圆半径。

5. 粗铣平面时，因加工表面质量不均，选择铣刀时直径要_____一些。精铣时，铣刀直径要_____最好能包容加工面宽度。

（二）选择题

1. 数控铣床能（　　）。

　A. 车削工件　　　B. 磨削工件　　　C. 刨削工件　　　D. 钻、铣工件

2. 下列叙述中，除（　　）外，均适宜在铣床上加工。

　A. 轮廓形状特别复杂或难以控制尺寸的零件

　B. 大批量生产的简单零件

　C. 精度要求高的零件

　D. 小批量多品种的零件

3. 在铣削工件时，若铣刀的旋转方向与工件的进给方向相反，称为（　　）。

A. 顺铣 　　　　B. 逆铣 　　　　C. 横铣 　　　　D. 纵铣

4. 铣削宽度为 100mm 的平面切除效率较高的铣刀为（　　）。

A. 面铣刀 　　　　B. 槽铣刀 　　　　C. 端铣刀 　　　　D. 侧铣刀

5. 在工件上既有平面需要加工，又有孔需要加工时，可采用（　　）。

A. 粗铣平面－钻孔－精铣平面 　　　　B. 先加工平面，后加工孔

C. 先加工孔，后加工平面 　　　　D. 任何一种形式

6. 用数控铣床加工较大平面时，应选择（　　）。

A. 立铣刀 　　　　B. 面铣刀 　　　　C. 鼓形铣刀

（三）简答题

1. 试述数控铣床的主要加工对象。

2. 试述加工中心的加工范围及加工对象。

3. 普通数控铣刀按用途分类，一般分为哪几种？各有什么特点？

4. 要从哪些方面考虑数控铣削零件的结构工艺性？

5. 适合数控铣削的主要加工对象有哪几类？

（四）分析题

已知如图 3-24 所示为一端盖零件图，毛坯为半成品铸件，零件材料为 HT150，生产类型为单件或小批量生产，无热处理工艺要求。试分析加工工艺，选择合理的机床、刀具。

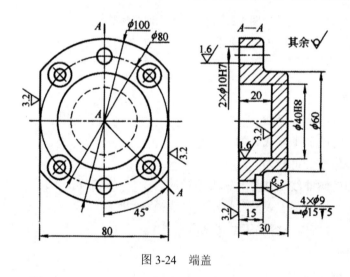

图 3-24　端盖

任务 2　编制泵盖的加工工艺

一、任务描述

如图 3-1 所示为泵盖零件图，试根据零件图给出的相关信息，正确地分析零件的主要技术要求和结构工艺性，制订泵盖的加工工艺过程，填写数控加工工序卡。

二、任务资讯

(一) 数控铣床常用夹具

1. 平口钳和压板

平口钳具有较好的通用性和经济性，适用于尺寸较小的方形工件的装夹。常用的精密平口钳如图 3-25 所示，一般采用机械螺旋式、气动式或液压式夹紧方式。

图 3-25　平口钳

对于较大或四周不规则的工件，无法采用平口钳或其他夹具装夹时，可直接采用压板进行装夹，如图 3-26 所示。

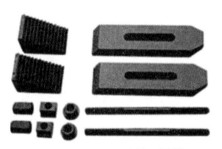

图 3-26　压板、垫铁、螺母

2. 卡盘和分度头

常用的卡盘有三爪自定心卡盘、四爪单动卡盘和六爪卡盘等类型，如图 3-27 所示。在数控车床和数控铣床上应用较多的是三爪自定心卡盘和四爪单动卡盘。特别是三爪自定心卡盘，由于它具有自动定心作用和装夹简单的特点，因此，中、小型圆柱形工件在数控铣床或数控车床上加工时，常采用三爪自定心卡盘进行装夹。卡盘的夹紧有机械螺旋式、气动式或液压式等多种形式。

图 3-27　卡盘的种类

分度头是数控铣床或普通铣床的主要部件。在机械加工中，常用的分度头有万能分度头、简单分度头、直接分度头等，如图 3-28 所示。但这些分度头的分度精度不是很精密。

因此，为了提高分度精度，数控机床上还采用投影光学分度头和数显分度头等对精密零件进行分度。

图 3-28　分度头的种类

（二）工件的安装与找正

在数控铣床上常用的装夹方法主要有以下三种：

（1）用平口钳装夹，适合一定形状和尺寸范围内的工件。

（2）用压板、螺栓直接把工件装夹在机床的工作台面上，适合尺寸较大或形状较复杂的工件。

（3）用数控分度头装夹。

下面以在平口钳上装夹工件为例，说明工件的装夹步骤：

1）把平口钳安装在数控铣床工作台面上，两固定钳口与 X 轴基本平行并张开到最大。

2）把装有杠杆百分表的磁性表座吸在主轴上。

3）使杠杆百分表的触头与固定钳口接触。

4）在 X 方向找正，直到使百分表的指针在一个格子内晃动为止，最后拧紧平口钳固定螺母。

5）根据工件的高度情况，在平口钳钳口内放入形状合适和表面质量较好的垫铁后，再放入工件，一般是工件的基准面朝下，与垫铁表面靠紧，然后拧紧平口钳。在放入工件前，应对工件、钳口和垫铁的表面进行清理，以免影响加工质量。

6）在 X、Y 两个方向找正，直到使百分表的指针在一个格子内晃动为止。

7）取下磁性表座，夹紧工件，工件装夹完成。

（三）铣削用量的选择

铣削用量主要有主轴转速 n、进给速度 v_f、铣削宽度 B 和背吃刀量 α_p 等。

1. 背吃刀量

背吃刀量的选取主要根据机床、夹具、刀具和工件所组成的加工工艺系统的刚性、加工余量及对表面质量的要求来确定。

（1）当工件表面粗糙度值要求为 Ra = 12.5～25μm 时，如果加工余量较小（小于 5～6mm），粗铣一次就可以达到要求；但当余量较大、工艺系统刚性较差或机床动力不足时，可分两次铣削完成。第一次背吃刀量应取大些，其好处是可以避免刀具在表面缺陷层内切削（因为余量大时往往余量不均匀），同时可减轻第二次铣削进给的负荷，有利于获得较好的表面质量。一般粗铣铸钢或铸铁时，$\alpha_p = 5～7mm$，粗铣无硬皮的钢料时，$\alpha_p = 3～5mm$。

（2）当工件表面粗糙度值要求为 Ra = 3.2～12.5μm 时，可分为粗铣和半精铣两步进行。

粗铣时背吃刀量的选取同前述；粗铣后留 0.5～1mm 余量，在半精铣时切除。

（3）在工件表面粗糙度值要求为 Ra = 1.6～3.2μm 时，可分为粗铣、半精铣、精铣三步进行。半精铣时 α_p 取 1.5～2mm，精铣时 α_p 取 0.2～0.5mm。

2. 铣削宽度

铣削宽度又称步距，是指铣刀在一次进给中切掉工件表层的宽度。一般铣削宽度与刀具直径成正比，与背吃刀量成反比。在粗加工中，步距取大些有利于提高加工效率。经济型数控加工中，使用平底刀时一般的取值范围为 $B =(0.6～0.9)d$；使用圆鼻刀进行加工时，刀具直径应扣除刀尖的圆角部分，即 $d = D - 2r$（D 为刀具直径，r 为刀尖圆角半径），故 B 的取值范围为：$B=(0.8～0.9)d$；使用球头刀进行精加工时，步距的确定应首先考虑所能达到的精度和表面粗糙度。

3. 进给速度

铣削时的进给量有三种表示方法：每齿进给量 f_z、每转进给量 f 和进给速度 v_f。

粗铣时影响进给量选择的主要因素是工艺系统刚性、高生产率的要求，故应按每齿进给量进行选择（除了上述要求，还要考虑刀齿强度、切削层厚度、容屑情况等）。

精铣时影响进给量选择的主要因素是加工精度和表面粗糙度的要求，而每转进给量与已加工表面粗糙度关系密切，故半精铣和精铣时按每转进给量进行选择。

由于数控铣床主运动和进给运动是由两个伺服电动机分别传动，它们之间没有内在联系，因此无论按每齿进给量，还是按每转进给量选择，最后均需计算出进给速度。进给速度与每齿进给量及每转进给量之间的关系是：

$$v_f = nf = nZf_z$$

切削速度的选择与刀具的寿命密切相关，当工件材料、刀具材料和结构确定后，切削速度就成为影响刀具寿命的最主要因素，过低或过高的切削速度都会使刀具寿命急剧下降。在加工时，尤其是精加工时，应尽量避免中途换刀，以得到较高的加工质量，因此应结合刀具寿命认真选择切削速度。

提示： 切削用量的选择虽然可查阅切削用量手册或参考有关资料确定，但就某一个具体零件而言，通过该方法确定的切削用量未必就非常理想，有时需进行试切，才能确定比较理想的切削用量。

（四）加工路线的确定

加工路线是指数控加工过程中，刀具（严格说是刀位点）相对于被加工零件的运动轨迹。即刀具从起刀点开始运动，直至返回该点并结束加工程序所经过的路径，包括切削加工的路径及刀具引入、返回等非切削空行程。它不但包括了工步的内容，也反映出工步顺序。

由于精加工的加工路线基本上都是沿其零件轮廓顺序进行的，因此确定加工路线时的工作重点是确定粗加工及空行程的加工路线。在确定加工路线时，主要应遵循以下原则：

（1）加工路线应保证被加工工件的精度和表面质量。

（2）在保证加工精度的前提下，应尽量缩短加工路线，减少刀具的空行程，提高生产率。

如图 3-29 所示，按照一般习惯应先加工均布于同一圆周上的八个孔，再加工另一圆周上的孔（图 3-29（a）所示）。但对于点位控制的数控机床而言，这并不是最短的加工路线，应按图 3-29（b）所示的路线进行加工，使各孔间的距离总和最小，以节省加工时间。

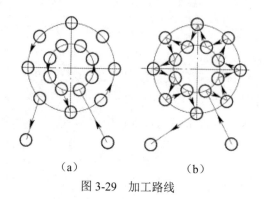

（a）　　　　　　　　　　（b）

图 3-29　加工路线

（3）最终轮廓由一次进给完成。为保证工件轮廓表面加工后的表面粗糙度要求，最终轮廓应安排在最后一次走刀中连续加工出来。如图 3-30 所示为铣削内腔的三种进给路线。

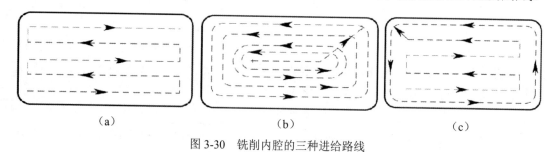

（a）　　　　　　　　　　（b）　　　　　　　　　　（c）

图 3-30　铣削内腔的三种进给路线

1）行切法（图 3-30（a））　能切除内腔中的全部余量，且加工路线短。但表面粗糙度达不到要求。

2）环切法（图 3-30（b））　能达到表面粗糙度的要求，进给路线长。

3）先行切后环切（图 3-30（c））　能获得较好的效果。

（4）在数控铣床上铣削外轮廓时，为防止刀具在切入、切出时产生刀痕，铣刀的切入和切出点应沿工件轮廓曲线的延长线上切向切入和切出工件表面，以保证工件轮廓的光滑过渡。如图 3-31 所示。

（5）镗孔加工时，若位置精度要求较高时，加工路线的定位方向应保持一致。

图 3-32（a）所示的加工路线，在加工孔Ⅳ时，X 方向的反向将影响Ⅲ～Ⅳ孔的孔距精度；如图 3-32（b）的路线，可使各孔的定位方向一致，传动系统的间隙不会影响孔的位置精度。

（6）加工路线应尽量简化数学处理时的数值计算工作量，以简化编程工作。

此外，确定加工路线时，还要考虑工件的形状与刚度、加工余量的大小、机床与刀具的刚度等情况。

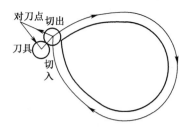

图 3-31 铣削外轮廓时切入切出方式

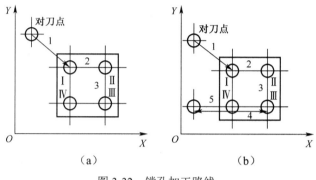

图 3-32 镗孔加工路线

（五）加工方法的选择

机械零件的结构形状是多种多样的，但它们都是由平面、外圆柱面、内圆柱面或曲面、成形面等基本表面所组成的。由于获得同一级精度及表面粗糙度的加工方法有许多，因而在实际选择时，应根据零件的加工精度、表面粗糙度、材料、结构形状、尺寸及生产类型等，在保证加工表面精度和表面粗糙度要求的前提下，尽可能提高加工效率。结合零件的形状、尺寸和热处理的要求全面考虑。此外，还应考虑生产率和经济性的要求以及工厂的生产设备等实际情况。

该零件主要由平面、外轮廓以及孔组成。加工方法选择可针对具体结构要素进行分析。确定加工方案时，首先应根据主要表面的尺寸精度和表面粗糙度的要求，初步确定为达到这些要求所需要的加工方法，即精加工的方法，再确定从毛坯到最终成形的加工方案。

1. 平面的加工方法选择

平面的主要加工方法有铣削、刨削、车削、磨削及拉削等，精度要求高的表面还需经研磨或刮削。图 3-33 为常见的平面加工方法框图。图中尺寸公差的等级是指平行平面之间距离尺寸的公差等级。

（1）最终工序为刮研的加工方案多用于单件小批生产中配合表面要求高且不淬硬平面的加工。当批量较大时，可用宽刀细刨代替刮研。宽刀细刨特别适用于加工像导轨面这样的狭长平面，能显著提高生产率。

（2）磨削适用于直线度及表面粗糙度要求高的淬硬工件和薄片工件，也适用于未淬硬钢件上面积较大的平面的精加工，但不宜加工塑性较大的有色金属。

（3）车削主要用于回转体零件的端面的加工，以保证端面与回转轴线的垂直度要求。

（4）拉削平面适用于大批量生产中的加工质量要求较高且面积较小的平面。

（5）最终工序为研磨的方案适用于高精度、小表面粗糙度值的小型零件的精密平面，如量规等精密量具的表面。

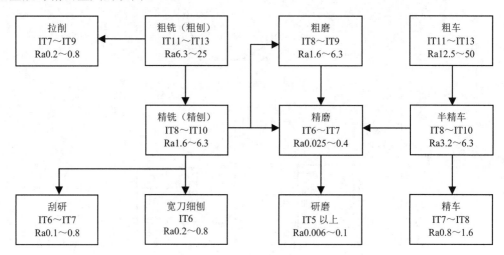

图 3-33　常见的平面加工方法框图

2. 平面轮廓的加工方法选择

平面轮廓零件的轮廓多由直线、圆弧和曲线组成。平面轮廓常用的加工方法有铣削、数控铣削、线切割及磨削等。对如图 3-34（a）所示的内平面轮廓，当曲率半径较小时，可采用数控线切割方法加工。若选择铣削方法，因铣刀直径受最小曲率半径的限制，直径太小，刚性不足，会产生较大的加工误差。对图 3-34（b）所示的外平面轮廓，可采用数控铣削方法加工，常用粗铣、精铣方案，也可采用数控线切割方法加工。对精度及表面粗糙度要求较高的轮廓表面，在数控铣削加工之后，再进行数控磨削加工。数控铣削加工适用于除淬火钢以外的各种金属，数控线切割加工可用于各种金属，数控磨削加工适用于除有色金属以外的各种金属。铣削和数控铣削的不同之处在于数控铣削可通过编程直接加工形状复杂的轮廓，而普通铣削加工形状复杂的轮廓时需要用许多专用装备，且效率较低。

（a）内平面轮廓　　　　　　　　　　　　　　（b）外平面轮廓

图 3-34　常见轮廓

3. 孔的加工方法选择

内圆柱孔、圆锥孔表面的加工方法有钻孔、扩孔、铰孔、镗孔、拉孔、磨孔以及光整加工等。如图 3-35 所示的孔加工方法框图。应根据被加工孔的加工要求、尺寸、具体的生产条件、批量的大小以及毛坯上有无预加工孔合理选用。具体到数控加工时孔的加工与普通铣床加工还有区别，孔精度要求较低且孔径较大时，可采用立铣刀粗铣－精铣加工方案，无需镗孔，提高生产效率，可降低生产成本。

螺纹加工主要方法有攻螺纹、铣螺纹。螺纹孔的加工可遵循以下方法：M5～M20 之间的螺纹，通常在数控机床上完成底孔加工后再采用攻螺纹的方法加工；M6 以下的螺纹，在数控机床上完成底孔加工后，通过其他手段来完成攻螺纹；M25 以上的螺纹，可采用镗刀片镗削加工或采用圆弧插补（G02 或 G03）指令来完成。

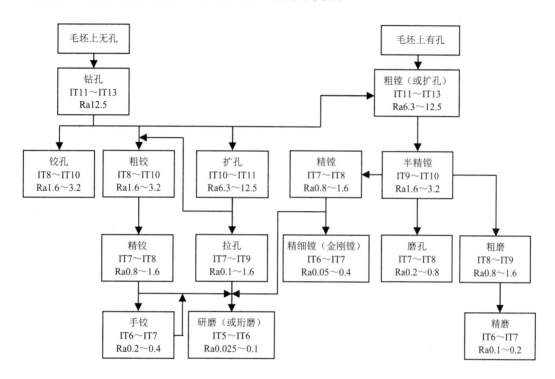

图 3-35　常用的孔加工方法框图

三、任务分析

图 3-1 所示产品为泵盖。该产品为典型的板类零件，材料为 HT20-40，系灰铸铁。产品形状清晰，结构要素由平面、外轮廓、通孔、沉孔、螺纹孔组成，各结构要素间有相互位置要求。表面粗糙度为 Ra0.8～12.5μm，产品有一定批量，外轮廓、台阶面处轮廓形状相对复杂，普通铣床无法直接加工。

因加工中心具备自动换刀功能，能够连续地对工件的各个加工表面自动地完成铣、钻、扩、镗及攻螺纹等工序，对于单件小批、多品种的盘盖类零件，数控机床是一种优选设备。可减少工件装夹次数，降低对工人的技术要求，提高生产率，降低成本。故选择在数控铣床或加工中心加工该零件。

四、任务实施

（一）任务准备

（1）准备《数控加工工艺制订与实施》相关教学资料，包括教材、教参、工作任务书等。

（2）准备教学用辅具、典型轴类零件。

（3）准备生产资料，包括机床设备、工艺装备等。

（4）安全文明教育。

（二）任务实施

1. 泵盖的加工工艺性分析

制订泵盖的机械加工工艺规程前，必须认真研究泵盖零件图，对泵盖零件进行工艺分析，具体可对泵盖零件图研究。检查零件图的完整性和正确性，分析零件的技术要求，并对其结构工艺性进行分析。

该零件主要由平面、外轮廓以及孔组成。从结构要素上看：其中平面的加工工艺性较强，表面粗糙度要求为 Ra3.2mm，上表面对 A 面有平行度要求，可由多种加工方式获得。孔加工中，$\phi32H7$ 和 $2\times\phi6H8$ 三个内孔的表面粗糙度要求较高，为 Ra1.6mm；而 $\phi12H7$ 内孔的表面粗糙度要求更高，$\phi32H7$ 内孔中心要素对 A 面有垂直要求，通过常见加工方法可知孔也具备较好的加工工艺性。该零件中加工难点在外轮廓的加工，因为该外轮廓不规则，在普通机床无法加工或者较难加工。如果将该零件置于数控铣床或加工中心加工，由于数控加工通过编程能轻易地加工复杂轮廓。因此该零件在数控加工中具备较好的结构工艺性。

从零件的尺寸精度看，该零件仅孔有尺寸精度要求，并且孔尺寸不大，尺寸公差为IT7～IT8，具备较好的加工工艺性。

从材料的加工工艺上看该零件材料为铸铁 HT20-40，切削加工性能较好。

综上所述，该泵盖具备较好的加工工艺性。

2. 泵盖的加工方案

此泵盖零件的平面轮廓相对复杂，用数控铣床或加工中心加工可充分发挥数控加工的优点。保证产品质量，提高生产效率。

按照基面先行、先面后孔、先粗后精、先主后次的加工顺序安排原则制定加工工艺路线。

（1）该泵盖平面上、下面平行度要求为 0.02，表面粗糙度 Ra3.2μm，设计图中可以看出 A 面为设计基准，因此数控加工应选用粗铣、精铣的加工方式先铣削加工 A 面。

（2）A 面加工完成后以此面为基准加工其余轮廓。按照先面后孔、先粗后精、先主后次的加工顺序在安排数控加工工艺时先加工上平面，并在一次装夹中同时完成台阶面及其轮廓和各孔的粗、精加工，保证轮廓、孔和上平面的位置要求。

（3）因周边外轮廓无法在上一次装夹中加工，因此需二次装夹。以 A 面和孔为基准加工周边外轮廓。

（4）由泵盖图中可看出，泵盖中有多种孔需要加工，所以应针对不同的孔形状、尺寸和技术要求选择不同的加工方法。一般来讲加工孔前，为便于钻头引正，先采用中心钻加工然后再钻孔。内孔表面的加工方案在很大程度上取决于内孔表面本身的尺寸度和表面粗糙度。对于精度较高、粗糙度值较小的表面，一般不能一次加工到规定的尺寸，而要划分加工阶段逐步进行。该零件孔系加工方案的选择：

孔 ϕ32H7 表面粗糙度为 Ra1.6μm 选择"点孔－钻孔－粗铣（镗）－精铣（镗）"方案。

孔 ϕ12H7 表面粗糙度为 Ra0.8μm 选择"点孔－钻孔－粗铰－精铰"方案。

孔 6×ϕ7 表面粗糙度为 Ra3.2μm，无尺寸公差要求，选择"点孔－钻孔－铰"方案。

孔 2×ϕ6H8 表面粗糙度为 Ra1.6μm 选择"点孔－钻孔－铰"方案。

孔 ϕ18 和 6×ϕ10 表面粗糙度为 Ra12.5μm，无尺寸公差要求，选择"点孔－钻孔－扩孔"方案。

螺纹孔 2×M16H7，采用先钻底孔，后攻螺纹的加工方法。

（5）根据热处理的安排原则和检查需要将其工序穿插其中。

3. 泵盖的数控加工工艺

（1）工步顺序

通过以上工艺分析，该泵盖零件必须在数控机床上加工的内容如下：

1）加工上平面，加工上平面处台阶面及其轮廓和各孔。

2）加工周边轮廓。

切削工序安排的总原则是前期工序必须为后续工序创造条件，做好基准准备。具体有基准先行、先主后次、先粗后精、先面后孔。同时在数控加工中遵循工序集中原则进行安排。因此应在一次装夹中加工尽可能多的结构要素。

按照加工顺序的安排原则，在加工上平面、加工上平面处台阶外轮廓和各孔工序中应先粗、精加工上平面，再粗、精加工上平面处台阶轮廓，最后加工各孔。

由于外轮廓在上一次装夹中无法加工，因此需重新装夹后加工。

（2）工件装夹

具体到泵盖零件铣 A 面时可以采用平口钳进行装夹。铣上平面和台阶面及其轮廓、孔时，依然可采用平口钳进行装夹，保证加工后的上平面和 A 面平行，侧面辅以挡块定位，限制工件的六个自由度。完全定位保证设计要求。

泵盖外轮廓加工时工件的装夹就略显复杂，因为外轮廓和已加工好的台阶面轮廓及孔无法在一次安装中加工，同时它们之间又要保证相互位置要求，在装夹方案设计时就必须以已加工好的结构要素来作为定位面。此时可采用典型的"一面两孔"定位法来进行定位，利用已加工好的 A 面、ϕ32H7、ϕ12H7 定位，实现工件完全定位。保证待加工轮廓与已加工孔、面之间的相互位置精度。

4. 确定切削用量

在加工工序中需要给定切削用量，所以在工艺处理中必须确定数控加工的切削用量。在选定刀具耐用度的条件下，根据数控机床使用说明书、被加工材料类型（钢材、铸铁还是有色金属）、加工要求（粗加工、半精加工还是精加工）以及其他技术要求，并结合实际经验来确定切削用量。在数控机床上频繁换刀会影响加工质量和加工效率，必须保证刀具的耐用度。同时还应考虑机床的动态刚度，为了适应数控机床的动态特性，应选择较高的切削速度和较小的进给量。

切削用量的选择原则是：保证零件的加工精度和表面粗糙度，充分发挥机床的性能，最大限度提高生产效率，降低成本。

切削用量的选择可通过查阅相应的工艺手册通过计算或者根据经验预定，然后通过实际切削加以调整，最后形成技术文件中的有关参数。

（1）平面、轮廓加工铣削加工切削用量的计算

面铣刀、轮廓加工的切削用量计算公式相同，下面以面铣刀为例进行计算。

1）切削速度（v_c）计算

$$v_c = \frac{\pi D_1 n}{1000}$$

式中：D_1——铣刀直径，mm；π——圆周率，$\pi \approx 3.14$；n——主轴转速，r/min；v_c——切削速度，m/min。

面铣刀选择的是 $\phi120$ 的硬质合金面铣刀，查机械加工工艺手册，采用硬质合金刀片加工铸铁时，v_c 一般选择 55～150 m/min。数控加工时需要根据 v_c 倒算机床主轴转速。

切削速度选择 140 m/min、铣刀直径 $\phi120$，求此时的主轴转速。

将 $\pi = 3.14$、$D_1 = 120$、$v_c = 120$ 代入公式

$$n = \frac{1000 v_c}{\pi D_1} = (1000 \times 140) \div (3.14 \times 120) \text{m/min} = 371.55 \text{m/min}$$

圆整后主轴转速选择 370r/min。

2）进给量（v_f）计算

$$v_f = f_z z n$$

式中：v_f——每分钟工作台进给速度，mm/min；z——刃数；n——主轴转速，r/min；f_z——每齿进给量，mm。由以上公式可得每转进给量 $f = z f_z$。

选择 $\phi120$ 的硬质合金面铣刀，查机械加工工艺手册，一般 f_z 选择 0.075～0.18mm，主轴转速已选 370r/min、铣刀刃数 10 刃，若选择每齿进给量为 0.075mm。求此时工作台进给速度。

$$v_f = f_z z n = 0.075 \times 10 \times 370 \text{mm/min} = 277.5 \text{mm/min}$$

圆整后工作台进给速度选为 270mm/min。

（2）孔加工的切削用量计算

1）切削速度（v_c）计算

$$v_c = \frac{\pi D_1 n}{1000}$$

式中：D_1——钻头直径，mm；π——圆周率，$\pi \approx 3.14$；n——主轴转速，r/min；v_c——切削速度，m/min。

查机械加工工艺手册，采用高速钢钻头加工铸铁时当钻头直径为 $\phi11.8$mm，f_t 取 0.2 时切削速度为 18mm/min，求主轴转速。

将 $\pi = 3.14$、$D_1 = 11.8$、$v_c = 18$ 代入公式

$$n = \frac{1000v_c}{\pi D_1} = (1000 \times 18) \div (3.14 \times 11.8)\text{m/min} = 485.8\text{m/min}$$

圆整后主轴转速选择 500r/min。

2）进给量（v_f）计算

$$v_f = f_t n$$

式中：v_f——主轴（Z 轴）进给速度，mm/min；n——主轴转速，r/min；f_t——每转进给量，mm/r。

查机械加工工艺手册，采用高速钢钻头加工铸铁时当钻头直径为 $\phi 11.8$mm，f_t 一般选择 0.2～0.35mm/r，若此时 f_t 选择 0.2mm/r，代入公式

$$v_f = f_t n = 0.2 \times 500\text{mm/min} = 100\text{mm/min}$$

主轴每分钟进给量选取 100mm/min。

5. 填写数控加工技术文件

为更好的指导生产，根据以上各项分析及有关数据计算，将该零件的加工顺序、所用刀具、切削用量等参数编入表 3-6 所示的泵盖数控加工工序卡中。

表 3-6 数控加工工序卡

零件名称	泵盖		零件图号		工件材质	HT20-40
工序号	夹具名称		车间			
工步号	工步内容	刀具号	主轴转速 n	进给速度 v_t	背吃刀量 a_p	刀具名称	备注
1	粗铣 A 面	T01	300	300	2.5	ϕ120 端面铣刀	
2	精铣 A 面	T01	370	270	0.5	ϕ120 端面铣刀	
3	粗铣上表面	T001	300	300	1.5	ϕ120 端面铣刀	
4	精铣上表面	T1	370	270	0.5	ϕ120 端面铣刀	
5	粗铣台阶面及轮廓	T02	800	150	4	ϕ16 粗齿立铣刀	
6	精铣台阶面及轮廓	T03	1200	140	0.5	ϕ12 细铣立铣刀	
7	点孔加工	T004	1200	120	1.5	ϕ3 中心钻	
8	钻 ϕ32H7 孔至 ϕ31.6	T5	200	40		ϕ27 麻花钻	
9	粗镗 ϕ32H7 孔至 ϕ31.6	T06	500	80	1.25	ϕ37.5 粗镗刀	
10	精镗 ϕ32H7 孔	T06	800	60	0.25	ϕ38 精镗刀	
11	钻 ϕ12H7 孔至 ϕ11.8	T07	500	100		ϕ11.8 麻花钻	
12	锪 ϕ18 孔	T08	300	50		ϕ18 锪钻	
13	铰孔 ϕ12H7	T09	300	50	0.1	ϕ12 机用铰刀	
14	钻 2×M16 螺纹孔至 ϕ14	T10	400	80		ϕ14 麻花钻	
15	2×M16 螺纹孔倒角	T11	300	50	0.8	90°倒角刀	
16	攻 2×M16 螺纹孔	T12	100	200		M16 机用丝锥	
17	钻 6×ϕ7 孔至 ϕ7	T13	800	160		ϕ7 钻头	

续表

零件名称	泵盖			零件图号			工件材质	HT20-40
工序号	夹具名称			车间				
工步号	工步内容	刀具号	主轴转速 n	进给速度 v_t	背吃刀量 a_p	刀具名称		备注
18	锪 6×ϕ10 孔	T14	150	30		ϕ10 钻头		
19	钻 2×ϕ6H8 孔至 ϕ5.8	T15	900	80		ϕ5.8 钻头		
20	铰 2×ϕ6H8 孔	T16	100	30	0.1	ϕ6 机用铰刀		
21	粗加工外轮廓	T17	600	60		ϕ35 硬质合金立铣刀		
22	精加工外轮廓	T17	700	40	0.5	ϕ35 硬质合金立铣刀		
	编制			审核		批准		

五、检查评估

泵盖的加工工艺评分标准见表 3-7。

表 3-7　泵盖的加工工艺评分标准

姓名			零件名称	泵盖		总得分		
项目	序号		检查内容		配分	评分标准	检测记录	得分
工、夹、刀具	1		夹具		10	不合理每处扣 5 分		
	2		切削用量		10	不合理每处扣 5 分		
	3		加工方案		20	不合理每处扣 5 分		
	4		加工工艺		40	不合理每处扣 10 分		
表现	5		团队协作		10	根据具体协作扣分		
	6		考勤		10	根据出勤情况扣分		

六、知识拓展

机械加工精度

机械产品的工作性能和使用寿命，总是与组成产品的零件的加工质量和产品的装配精度直接相关，而零件的加工质量又是整个产品质量的基础，零件的加工质量包括加工精度和表面质量两个方面。

1. 加工精度的概念

（1）加工精度：零件加工后的实际几何参数（尺寸、形状和位置）与理想几何参数的符合程度。

（2）加工误差：零件加工后的实际几何参数（尺寸、形状和位置）与理想几何参数的偏离程度。

两者之间的区别与联系：加工误差越大，则加工精度越低；反之越高。

2．加工精度的影响因素

原始误差：由组成工艺系统的机床、夹具、刀具和工件产生的误差，它的组成如图 3-36 所示。

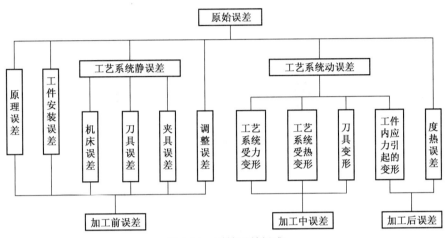

图 3-36　原始误差组成

（1）加工原理误差（理论误差）

加工原理误差是指采用了近似的成形运动或近似的刀刃轮廓进行加工而产生的误差。生产中采用近似的加工原理进行加工的例子很多，例如用齿轮滚刀滚齿就有两种原理误差：一种是为了滚刀制造方便，采用了阿基米德蜗杆或法向直廓蜗杆代替渐开线蜗杆而产生的近似造型误差；另一种是由于齿轮滚刀刀齿数有限，使实际加工出的齿形是一条由微小折线段组成的曲线，而不是一条光滑的渐开线。采用近似的加工方法或近似的刀刃轮廓，虽然会带来加工原理误差，但往往可简化工艺过程及机床和刀具的设计和制造，提高生产率，降低成本，但由此带来的原理误差必须控制在允许的范围内。

（2）机床、刀具、夹具的制造误差与磨损

1）机床误差。

①主轴误差　机床主轴是用来安装工件或刀具并将运动和动力传递给工件或刀具的重要零件，它是工件或刀具的位置基准和运动基准，它的回转精度是机床精度的主要指标之一，其误差直接影响着工件精度的高低。

②主轴回转误差　为了保证加工精度，机床主轴回转时其回转轴线的空间位置应是稳定不变的，但实际上由于受主轴部件结构、制造、装配、使用等种种因素的影响，主轴在每一瞬时回转轴线的空间位置都是变动的，即存在着回转误差。主轴回转轴心线的运动误差表现为纯径向跳动、轴向窜动和角度摆动三种形式，如图 3-37 所示。

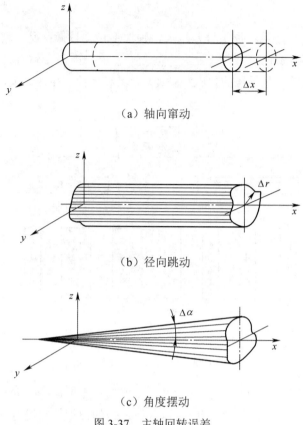

（a）轴向窜动

（b）径向跳动

（c）角度摆动

图 3-37　主轴回转误差

③导轨误差　床身导轨既是装配机床各部件的基准件，又是保证刀具与工件之间导向精度的导向件，因此导轨误差对加工精度有直接的影响。导轨误差分为：

在水平面内的直线度：导轨在水平面内的直线度误差 Δy 使刀具产生水平位移，使工件表面产生的半径误差为 ΔR_y，$\Delta R_y = \Delta y$，使工件表面产生圆柱度误差（鞍形或鼓形），如图 3-38 所示。

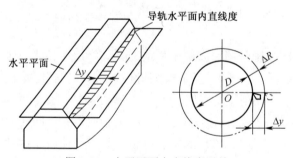

图 3-38　水平平面内直线度误差

在垂直面内的直线度：导轨在垂直平面内的直线度误差 Δz 使刀具产生垂直位移，使工件表面产生的半径误差为 ΔR_z，$\Delta R_z \approx \Delta z^2 /(2R)$，其值甚小，对加工精度的影响可以忽略不计；但若在龙门刨这类机床上加工薄长件，由于工件刚性差，如果机床导轨为中凹形，则工件也会是中凹形，如图 3-39 所示。

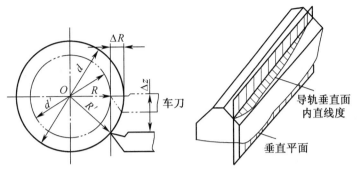

图 3-39　垂直平面内直线度误差

④前后导轨的平行度误差　当前后导轨不平行并存在扭曲时，刀架产生倾倒，刀尖相对于工件在水平和垂直两个方向上发生偏移，从而影响加工精度，如图 3-40 所示。

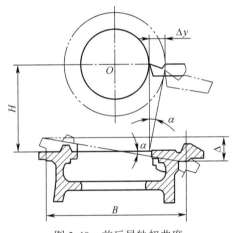

图 3-40　前后导轨扭曲度

⑤传动链传动误差　传动链传动误差是指机床内联系传动链始末两端传动元件之间相对运动的误差。它是影响螺纹、齿轮、蜗轮蜗杆以及其他按展成原理加工的零件加工精度的主要因素。传动链始末两端的联系是通过一系列的传动元件来实现的，当这些传动元件存在加工误差、装配误差和磨损时，就会破坏正确的运动关系，使工件产生加工误差，这些误差即传动链误差。为了减少机床的传动链误差对加工精度的影响，应提高传动链中各零件的制造精度、装配精度。

2）刀具制造误差与磨损。

刀具的制造误差对加工精度的影响，根据刀具种类不同而不同。当采用定尺寸刀具如钻头、铰刀、拉刀、键槽铣刀等加工时，刀具的尺寸精度将直接影响到工件的尺寸精度；当采用成形刀具如成形车刀、成形铣刀等加工时，刀具的形状精度将直接影响工件的形状精度；当采用展成刀具如齿轮滚刀、插齿刀等加工时，刀刃的形状必须是加工表面的共轭曲线，因此刀刃的形状误差会影响加工表面的形状精度；当采用一般刀具如车刀、镗刀、铣刀等的制造误差对零件的加工精度并无直接影响，但其磨损对加工精度、表面粗糙度有直接的影响。

任何刀具在切削过程中都不可避免地要产生磨损，并由此引起工件尺寸和形状误差。例如用成形刀具加工时，刀具刃口的不均匀磨损将直接复映到工件上造成形状误差；在加工较大表面（一次走刀时间长）时，刀具的尺寸磨损也会严重影响工件的形状精度；用调整法加工一批工件时，刀具的磨损会扩大工件尺寸的分散范围；刀具磨损使同一批工件的尺寸前后不一致。

3）夹具的制造误差与磨损。

夹具的制造误差与磨损包括三个方面：定位元件、刀具导向元件、分度机构、夹具体等的制造误差；夹具装配后，定位元件、刀具导向元件、分度机构等元件工作表面间的相对尺寸误差；夹具在使用过程中定位元件、刀具导向元件工作表面的磨损。

这些误差将直接影响到工件加工表面的位置精度或尺寸精度。一般来说，夹具误差对加工表面的位置误差影响最大，在设计夹具时，凡影响工件精度的尺寸应严格控制其制造误差，一般可取工件上相应尺寸或位置公差的 1/5～1/2 作为夹具元件的公差。

4）工件的安装误差、调整误差以及度量误差。

工件的安装误差是由定位误差、夹紧误差和夹具误差三项组成。其中，夹具误差如上所述，定位误差是由于定位基准选择不合理或定位元件制造误差所造成的，由基准不重合误差和基准位移误差组成。夹紧误差是指工件在夹紧力作用下发生的位移，其大小是工件基准面至刀具调整面之间距离的最大与最小尺寸之差。它包括工件在夹紧力作用下的弹性变形、夹紧时工件发生的位移或偏转而改变工件在定位时所占有的正确位置、工件定位面与夹具支承面之间的接触部分的变形。

机械加工过程中的每一道工序都要进行各种各样的调整工作，由于调整不可能绝对准确，因此必然会产生误差，这些误差称为调整误差。调整误差的来源随调整方式的不同而不同。采用试切法加工时，引起调整误差的因素有：由于量具本身的误差和测量方法、环境条件（温度、振动等）、测量者主观因素（视力、测量经验等）造成的测量误差；在试切时，由于微量调整刀具位置而出现的进给机构的爬行现象，导致刀具的实际位移与刻度盘上的读数不一样而造成的微量进给加工误差；精加工和粗加工切削时切削厚度相差很大，造成试切工件时尺寸不稳定，引起的尺寸误差。

采用调整法加工时，除上述试切法引起调整误差的因素对其也同样有影响外，还有：成批生产中，常用定程机构如行程挡块、靠模、凸轮等来保证刀具与工件的相对位置，定程机构的制造和调整误差以及它们的受力变形和与它们配合使用的电、液、气动元件的灵敏度等会成为调整误差的主要来源；若采用样件或样板来决定刀具与工件间相对位置时，则它们的制造误差、安装误差和对刀误差以及它们的磨损等都对调整精度有影响；工艺系统调整时由于试切工件数不可能太多，不能完全反映整批工件加工过程的各种随机误差，故其平均尺寸与总体平均尺寸不可能完全符合而造成加工误差。

为了保证加工精度，任何加工都少不了测量，但测量精度并不等于加工精度，因为有些精度测量仪器分辨不出，有时测量方法失当，均会产生测量误差。引起测量误差的原因主要有：量具本身的制造误差；由测量方法、测量力、测量温度引起的，如读数有误、操作失当，测量力过大或过小等。

减少或消除度量误差的措施主要是：提高量具精度，合理选择量具；注意操作方法；注意测量条件，精密零件应在恒温中测量。

（3）工艺系统动误差

1）工艺系统受力变形对加工精度的影响。

工艺系统受力变形对加工精度的影响可归纳为下列几种常见的形式：

①受力点位置变化产生形状误差 在切削过程中，工艺系统的刚度会随着切削力作用点位置的变化而变化，因此使工艺系统受力变形也随之变化，引起工件形状误差。例如车削加工时，由于工艺系统沿工件轴向方向各点的刚度不同，会使工件各轴向截面直径尺寸不同，使车出的工件沿轴向产生形状误差（出现鼓形、鞍形、锥形）。

②切削力变化引起加工误差 在切削加工中，由于工件加工余量和材料硬度不均将引起切削力的变化，从而造成加工误差。例如车削图 3-41 所示的毛坯时，由于它本身有圆度误差（椭圆），背吃刀量 a_p，将不一致（$a_{p1}>a_{p2}$），当工艺系统的刚度为常数时，切削分力 F_y 也不一致（$F_{y1}>F_{y2}$），从而引起工艺系统的变形不一致（$y_1>y_2$），这样在加工后的工件上仍留有较小的圆度误差。这种在加工后的工件上出现与毛坯形状相似的误差的现象称为"误差复映"。

由于工艺系统具有一定的刚度，因此在加工表面上留下的误差比毛坯表面的误差在数值上已大大减小了。也就是说，工艺系统刚度越高，加工后复映到被加工表面上的误差越小，当经过数次走刀后，加工误差也就逐渐缩小到所允许的范围内了。

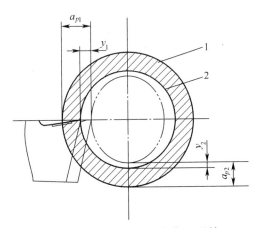

图 3-41 切削力变化引起加工误差

③其他作用力引起的加工误差。

- 传动力和惯性力引起的加工误差 当在车床上用单爪拨盘带动工件回转时，传动力在拨盘的转动中不断改变其方向。对高速回转的工件，如果其质量不平衡，将会产生离心力，它和传动力一样在工件的转动中不断地改变方向。这样，工件会在回转中因受到不断变化方向的力的作用而造成加工误差。

- 重力所引起的误差　在工艺系统中，有些零部件在自身重力作用下产生的变形也会造成加工误差。例如，龙门铣床、龙门刨床的横梁在刀架自重下引起的变形将造成工件的平面度误差。对于大型工件，因自重而产生的变形有时会成为引起加工误差的主要原因，所以在安装工件时，应通过恰当地布置支承的位置或通过平衡措施来减少自重的影响。
- 夹紧力所引起的加工误差　工件在安装时，由于工件刚度较低或夹紧力作用点和方向不当，会引起工件产生相应的变形，造成加工误差。

④减少工艺系统受力变形的主要措施　减少工艺系统受力变形是保证加工精度的有效途径之一。生产实际中常采取如下措施：

- 提高接触刚度　所谓接触刚度，就是互相接触的两表面抵抗变形的能力。提高接触刚度是提高工艺系统刚度的关键。常用的方法是改善工艺系统主要零件接触面的配合质量，使配合面的表面粗糙度和形状精度得到改善和提高，实际接触面积增加，微观表面和局部区域的弹性、塑性变形减少，从而有效地提高接触刚度。
- 提高工件定位基面的精度和表面质量　工件的定位基面如存在较大的尺寸、形位误差和表面质量差，在承受切削力和夹紧力时可能产生较大的接触变形，因此精密零件加工用的基准面需要随着工艺过程的进行逐步提高精度。
- 设置辅助支承，提高工件刚度，减小受力变形　切削力引起的加工误差往往是由工件本身刚度不足或工件各个部位刚度不均匀产生的。当工件材料和直径一定时，工件长度和切削分力是影响变形的决定性因素。为了减少工件的受力变形，常采用中心架或跟刀架，以提高工件的刚度，减小受力变形。
- 合理装夹工件，减少夹紧变形　当工件本身薄弱、刚性差时，夹紧时应特别注意选择适当的夹紧方法，尤其是在加工薄壁零件时，为了减少加工误差，应使夹紧力均匀分布。缩短切削力作用点和支承点的距离，提高工件刚度。
- 对相关部件预加载荷　例如，机床主轴部件在装配时通过预紧主轴后端面的螺母给主轴滚动轴承以预加载荷，这样不仅能消除轴承的配合间隙，而且在加工开始阶段就使主轴与轴承有较大的实际接触面积，从而提高了配合面间的接触刚度。
- 合理设计系统结构　在设计机床夹具时，应尽量减少组成零件数，以减少总的接触变形量；选择合理的结构和截面形状；注意刚度的匹配，防止出现局部环节刚度低。
- 提高夹具、刀具刚度；改善材料性能。
- 控制负载及其变化　适当减少进给量和背吃刀量，可减少总切削力对零件加工精度的影响；此外，改善工件材料性能以及改变刀具几何参数如增大前角等都可减少受力变形；将毛坯合理分组，使每次调整中加工的毛坯余量比较均匀，能减小切削力的变化，减小误差复映。

2）工艺系统受热变形对加工精度的影响。

在机械加工中，工艺系统在各种热源的影响下会产生复杂的变形，使得工件与刀具间的正确相对位置关系遭到破坏，造成加工误差。

①工艺系统热变形的热源　引起工艺系统热变形的热源主要来自两个方面。一是内部热源，指轴承、离合器、齿轮副、丝杠螺母副、高速运动的导轨副、镗模套等工作时产生的摩擦热，以及液压系统和润滑系统等工作时产生的摩擦热；切削和磨削过程中由于挤压、摩擦和金属塑性变形产生的切削热；电动机等工作时产生的电磁热、电感热。二是外部热源，指由于室温变化及车间内不同位置、不同高度和不同时间存在的温度差别以及因空气流动产生的温度差等；日照、照明设备以及取暖设备等的辐射热等。工艺系统在上述热源的作用下，温度逐渐升高，同时其热量也通过各种传导方式向周围散发。

②工艺系统热变形对加工精度的影响主要分为以下几个方面：

- 机床热变形对加工精度的影响　机床在运转与加工过程中受到各种热源的作用，温度会逐步上升，由于机床各部件受热程度的不同，温升存在差异，因此各部件的相对位置将发生变化，从而造成加工误差。车、铣、镗床这类机床主要热源是床头箱内的齿轮、轴承、离合器等传动副的摩擦热，它使主轴分别在垂直面内和水平面内产生位移与倾斜，也使支承床头箱的导轨面受热弯曲；床鞍与床身导轨面的摩擦热会使导轨受热弯曲，中间凸起。磨床类机床都有液压系统和高速砂轮架，故其主要热源是砂轮架轴承和液压系统的摩擦热；轴承的发热会使砂轮轴线产生位移及变形，如果前、后轴承的温度不同，砂轮轴线还会倾斜；液压系统的发热使床身温度不均产生弯曲和前倾，影响加工精度。大型机床如龙门铣床、龙门刨床、导轨磨床等，这类机床的主要热源是工作台导轨面与床身导轨面间的摩擦热及车间内不同位置的温差。

- 工件热变形及其对加工精度的影响　在加工过程中，工件受热将产生热变形，工件在热膨胀的状态下达到规定的尺寸精度，冷却收缩后尺寸会变小，甚至可能超出公差范围。工件的热变形可能有两种情况：比较均匀地受热，如车、磨外圆和螺纹，镗削棒料的内孔等；不均匀受热，如铣平面和磨平面等。

- 刀具热变形对加工精度的影响　在切削加工过程中，切削热传入刀具会使得刀具产生热变形，虽然传入刀具的热量只占总热量的很小部分，但是由于刀具的体积和热容量小，所以由于热积累引起的刀具热变形仍然是不可忽视的。例如，在高速车削中刀具切削刃处的温度可达850℃左右，此时刀杆伸长，可能使加工误差超出公差带。

③环境温度变化对加工精度的影响　除了工艺系统内部热源引起的变形以外，工艺系统周围环境的温度变化也会引起工件的热变形。一年四季的温度波动，有时昼夜之间的温度变化可达10℃以上，这不仅影响机床的几何精度，还会直接影响加工和测量的精度。

④对工艺系统热变形的控制　可采用如下措施减少工艺系统热变形对加工精度产生的影响：

- 隔离热源　为了减少机床的热变形，将能从主机分离出去的热源（如电动机、变速箱、液压泵和油箱等）应尽可能放到机外；也可采用隔热材料将发热部件和机床大件（如床身、立柱等）隔离开。

- 强制和充分冷却　对既不能从机床内移出，又不便隔热的大热源，可采用强制式的风冷、水冷等散热措施；对机床、刀具、工件等发热部位采取充分冷却措施，吸收热量，控制温升，减少热变形。
- 采用合理的结构减少热变形　如在变速箱中，尽量让轴、轴承、齿轮对称布置，使箱壁温升均匀，减少箱体变形。
- 减少系统的发热量　对于不能和主机分开的热源（如主轴承、丝杠、摩擦离合器和高速运动导轨之类的部件），应从结构、润滑等方面加以改善，以减少发热量；提高切削速度（或进给量），使传入工件的热量减少；保证切削刀具锋利，避免其刃口钝化增加切削热。
- 使热变形指向无害加工精度的方向　例如车细长轴时，为使工件有伸缩的余地，可将轴的一端夹紧，另一端架上中心架，使热变形指向尾端；又例如外圆磨削，为使工件有伸缩的余地，采用弹性顶尖等。

3）工件内应力对加工精度的影响。

①产生内应力的原因　内应力也称为残余应力，是指外部载荷去除后仍残存在工件内部的应力。有残余应力的工件处于一种很不稳定的状态，它的内部组织有要恢复到稳定状态的强烈倾向，即使在常温下这种变化也在不断地进行，直到残余应力完全消失为止。在这个过程中，零件的形状逐渐变化，从而逐渐丧失原有的加工精度。残余应力产生的实质原因是由于金属内部组织发生了不均匀的体积变化，而引起体积变化的原因主要有以下几方面：

- 毛坯制造中产生的残余应力　在铸、锻、焊接以及热处理等热加工过程中，由于工件各部分厚度不均、冷却速度和收缩程度不一致以及金相组织转变时的体积变化等，都会使毛坯内部产生残余应力，而且毛坯结构越复杂、壁厚越不均，散热的条件差别越大，毛坯内部产生的残余应力也越大。具有残余应力的毛坯暂时处于平衡状态，当切去一层金属后，这种平衡便被打破，残余应力重新分布，工件就会出现明显的变形，直至达到新的平衡为止。
- 冷校直带来的残余应力　某些刚度低的零件，如细长轴、曲轴和丝杠等，由于机加工产生的弯曲变形不能满足精度要求，常采用冷校直工艺进行校直。校直的方法是在弯曲的反方向加外力，如图 3-42（a）所示。在外力 F 的作用下，工件的内部残余应力的分布如图 3-42（b）所示，在轴线以上产生压应力（用负号表示），在轴线以下产生拉应力（用正号表示）。在轴线和两条双点画线之间是弹性变形区域，在双点画线之外是塑性变形区域。当外力 F 去除后，外层的塑性变形区域阻止内部弹性变形的恢复，使残余应力重新分布，如图 3-42（c）所示。这时，冷校直虽然减小了弯曲，但工件却处于不稳定状态，如再次加工，又将产生新的变形。因此，高精度丝杠的加工，不允许冷校直，而是用多次人工时效来消除残余应力。
- 切削加工产生的残余应力　加工表面在切削力和切削热的作用下，会出现不同程度的塑性变形和金相组织的变化，同时也伴随有金属体积的改变，因而必然产生内应力，并在加工后引起工件变形。

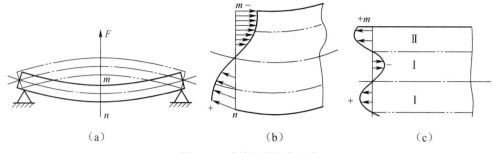

图 3-42　冷校直的残余应力

②消除或减少内应力的措施　合理设计零件结构在零件结构设计中应尽量简化结构，保证零件各部分厚度均匀，以减少铸、锻件毛坯在制造中产生的内应力。

- 增加时效处理工序　一是对毛坯或在大型工件粗加工之后，让工件在自然条件下停留一段时间再加工，利用温度的自然变化使之多次热胀冷缩，进行自然时效。二是通过热处理工艺进行人工时效，例如对铸、锻、焊接件进行退火或回火；零件淬火后进行回火；对精度要求高的零件，如床身、丝杠、箱体、精密主轴等，在粗加工后进行低温回火，甚至对丝杠、精密主轴等在精加工后进行冰冷处理等。三是对一些铸、锻、焊接件以振动的形式将机械能加到工件上，进行振动时效处理，引起工件内部晶格蠕变，使金属内部结构状态稳定，消除内应力。
- 合理安排工艺过程　将粗、精加工分开在不同工序中进行，使粗加工后有足够的时间变形，让残余应力重新分布，以减少对精加工的影响。对于粗、精加工需要在一道工序中来完成的大型工件，也应在粗加工后松开工件，让工件的变形恢复后，再用较小的夹紧力夹紧工件，进行精加工。

七、思考与练习

（一）填空题

1. 铣削内腔的三种进给路线是_____、_____、_____。
2. 铣削用量主要有_____、_____、_____和_____等。
3. 铣削时的进给量有_____、_____、_____三种表示方法。
4. 在数控铣床上铣削外轮廓时，为防止刀具在切入、切出时产生刀痕，铣刀的切入和切出点应_____切向切入和切出工件表面，以保证工件轮廓的光滑过渡。
5. 当加工平面轮廓，曲率半径较小时，可采用_____方法加工。

（二）选择题

1. 以下平面加工的方法中主要用于回转体零件的端面的加工，以保证端面与回转轴线的垂直度要求的是（　　）。

 A．铣削   B．磨削   C．拉削   D．车削

2. 铣床上用的平口钳属于（　　）。

 A．通用夹具 B．专用夹具 C．成组夹具

3. 进行轮廓铣削时，应避免（　　）工件轮廓

A. 切向切入　　　　　　　B. 法向切入、法向退出

C. 切向退出　　　　　　　D. 法向退出

4. 数控铣削加工前，应进行零件工艺过程设计和计算，包括加工顺序，铣刀和工件的（　　）。

A. 相对运动轨迹　　B. 相对距离　　　C. 位置调整

5. 在工件上既有平面需要加工，又有孔需要加工时，可采用（　　）。

A. 粗铣平面，钻孔，精铣平面

B. 先加工平面，后加工孔

C. 先加工孔，后加工平面

（三）简答题

1. 在加工盘盖类零件时，如何选择加工机床和确定加工步骤？

2. 制订盘盖类零件加工工艺时，基准的选择原则是什么？

3. 盘盖类零件加工中，切削用量是如何确定的？其中切削速度与主轴转速的关系是如何处理的？

4. 何谓加工精度？它和加工误差的关系？

5. 简述影响加工精度的影响因素。

（四）分析题

分别编制图 3-43、图 3-44 零件的加工工艺，材料为 45 号钢，毛坯为板料。

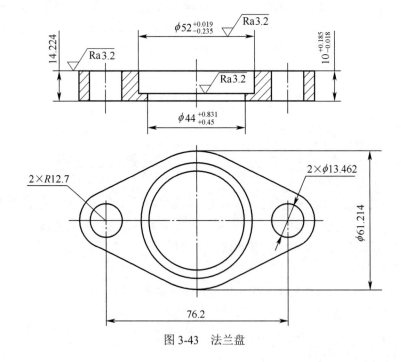

图 3-43　法兰盘

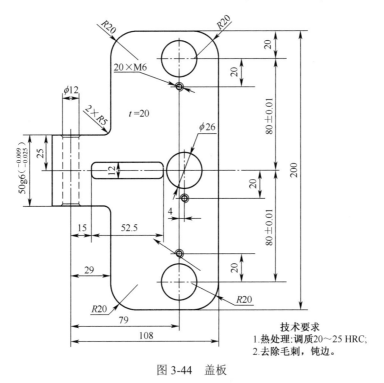

图 3-44　盖板

技术要求
1. 热处理:调质20~25 HRC;
2. 去除毛刺,钝边。

项目四 蜗轮减速器箱体的数控加工工艺制订与实施

生产如图 4-1 所示零件，材料 HT200，生产纲领：制造 3000 件。为该零件制订机械加工工艺规程。

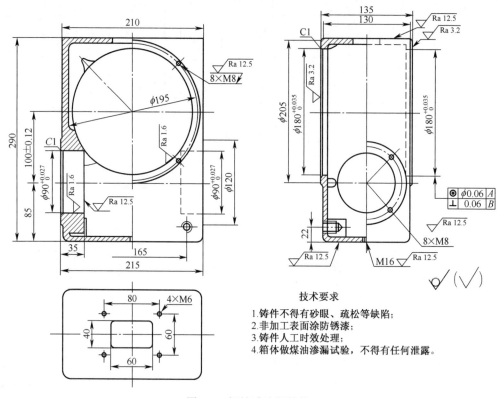

图 4-1 蜗轮减速器箱体

任务 1 分析蜗轮减速器箱体的数控加工工艺

一、任务引入

如图 4-1 所示为蜗轮减速器箱体零件图，试根据零件图给出的相关信息，正确地分析零件的主要技术要求和结构工艺性。

二、任务资讯

1. 箱体类零件的功用、种类及结构特点

箱体类零件用来支承或安置其他零件或部件的基础零件，它将机器和部件中的轴、套、齿轮等有关零件连接成一个整体，并使之保持正确的相互位置，以传递转矩或改变转速来完成规定的动作。因此，箱体类零件的加工质量直接影响机器的性能、精度和寿命。

箱体类零件的种类很多，按结构形状一般可分为整体式箱体和剖分式箱体两类，如图4-2 所示，其中图（a）（c）（d）为整体式箱体，图（b）为剖分式箱体。

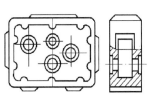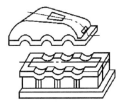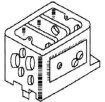

（a）组合机床主轴箱　　（b）减速器箱体　（c）汽车后桥差速器箱体（d）车床主轴箱

图 4-2　箱体类零件示例

箱体零件共同的结构特点：结构形状复杂，内部呈腔形，箱体的壁厚较薄且不均匀，箱体壁上有多种精度要求高的轴承孔和装配用的基准平面，此外还有一些精度要求不高的紧固孔和次要平面。因此，箱体零件不但加工部位较多，而且加工的难度也较大。

2. 箱体类零件的主要技术要求

箱体类零件的加工表面主要是平面和孔系，其主要技术要求为：

（1）箱体主要平面的精度

箱体的主要平面是指装配基准面（如主轴箱箱体的底面和导向面）和加工中的定位基准面。它们直接影响箱体在加工中的定位精度，影响箱体与机器总装后的相对位置与接触精度，因而具有较高的形状精度和表面粗糙度要求。一般机床箱体的装配基准面和定位基准面的平面度公差为 0.03～0.01mm，表面粗糙度值为 Ra 3.2～1.6μm；箱体上其他平面对装配基准面的平行度公差，一般在全长范围内为 0.2～0.05mm，垂直度公差在 300mm 长度内为 0.10～0.06mm。

（2）轴承孔尺寸和形状精度

箱体零件上轴承孔的尺寸精度、形状精度和表面粗糙度直接影响与轴承的配合精度和轴的回转精度。普通机床的主轴箱，主轴轴承孔的尺寸精度为 IT6，形状误差应小于孔径公差的 1/2，表面粗糙度 Ra 值为 1.6～0.8μm；其他轴承孔的尺寸精度一般为 IT7，形状误差应小于孔径公差，表面粗糙度 Ra 值为 3.2～1.6μm。

（3）轴承孔相互位置精度

1）各轴承孔的中心距和轴线间的平行度　一般机床箱体轴承孔的中心距偏差为±（0.025～0.06）mm；轴线的平行度公差在 300mm 长度内为 0.03mm。

2）同轴线轴承孔的同轴度　机床主轴轴承孔的同轴度误差一般小于 $\phi0.008$mm，一般孔的同轴度误差不超过最小孔径的公差的一半。

3）轴承孔轴线对装配基准面的平行度和对端面的垂直度　一般机床主轴轴线对装配基准面的平行度公差在 650mm 长度内为 0.03mm；对端面的垂直度公差为 0.015～0.02mm。

3. 零件加工的表面质量

（1）表面质量的基本概念

零件的质量除加工精度外，还有零件的表面质量。机械加工表面质量包括如下两方面的内容：

1）表面层的几何形状偏差。

表面粗糙度　指零件表面的微观几何形状误差。

表面波纹度　指零件表面周期性的几何形状误差。

2）表面层的物理、力学性能。

冷作硬化　表面层因加工中塑性变形而引起的表面层硬度提高的现象。

残余应力　表面层因机械加工产生强烈的塑性变形和金相组织的可能变化而产生的内应力，按应力性质分为拉应力和压应力。

表面层金相组织变化　表面层因切削加工时切削热而引起的金相组织的变化。

（2）表面质量对零件使用性能的影响

1）对零件耐磨性的影响。

零件的耐磨性不仅和材料及热处理有关，而且还与零件接触表面的粗糙度有关。当两个零件相互接触时，实质上只是两个零件接触表面上的一些凸峰相互接触，因此实际接触面积比理论接触面积要小得多，从而使单位面积上的压力很大。当其超过材料的屈服点时，就会使凸峰部分产生塑性变形甚至被折断或因接触面的滑移而迅速磨损。以后随着接触面积的增大，单位面积上的压力减小，磨损减慢。零件表面粗糙度值越大，磨损越快，但这不等于说零件表面粗糙度值越小越好。如果零件表面的粗糙度值小于合理值，会使摩擦面之间润滑油被挤出而形成干摩擦，从而使磨损加快。实验表明，最佳表面粗糙度 Ra 大致为 0.3～1.2μm。另外，零件表面有冷作硬化层或经淬硬，也可提高零件的耐磨性。

2）对零件疲劳强度的影响。

零件表面层的残余应力性质对疲劳强度的影响很大。当残余应力为拉应力时，在拉应力作用下，会使表面的裂纹扩大，从而降低零件的疲劳强度，缩短产品的使用寿命。相反，残余压应力可以延缓疲劳裂纹的扩展，可提高零件的疲劳强度。同时表面冷作硬化层的存在以及加工纹路方向与载荷方向的一致都可以提高零件的疲劳强度。

3）对零件配合性质的影响。

在间隙配合中，如果配合表面粗糙，磨损后会使配合间隙增大，从而改变原配合性质。在过盈配合中，如果配合表面粗糙，则装配后表面的凸峰将被挤平，而使有效过盈量减小，从而降低配合的可靠性。所以对有配合要求的表面，也应标注有对应的表面粗糙度。

（3）影响表面质量的因素和改善措施

零件在切削加工过程中，由于刀具几何形状和切削运动引起的残留面积、粘结在刀具刃口上的积屑瘤划出的沟纹、工件与刀具之间的振动引起的振动波纹以及刀具后刀面磨损造成的挤压与摩擦痕迹等原因，会使零件表面上粗糙度增大。影响表面粗糙度的工艺因素主要有工件材料、切削用量、刀具几何参数及切削液等。

1）工件材料对表面质量的影响。

一般韧性较大的晶粒组织和较高塑性材料，加工后表面粗糙度值较大，而韧性较小的塑性材料，加工后易得到较小的表面粗糙度值。对于同种材料，其晶粒组织越大，加工表面粗糙度值越大。因此，为了减小加工表面粗糙度值，常在切削加工前对材料进行调质或正火处理，以获得均匀细密的硬度。

2）切削用量对表面质量的影响。

切削加工时的进给量越大，残留面积高度就越高，零件表面也就越粗糙。因此，减小进给量可有效地减小表面粗糙度。

切削速度对表面粗糙度的影响也很大。在中速切削塑性材料时，由于容易产生积屑瘤，且塑性变形较大，因此加工后零件表面粗糙度值较大。通常采用低速或高速切削塑性材料，可有效地避免积屑瘤的产生，这对减小表面粗糙度有积极作用。

3）刀具几何参数对表面质量的影响。

从刀具的几何参数来看，主偏角、副偏角及刀尖圆弧半径对零件表面粗糙度都有直接影响。在进给量一定的情况下，减小主偏角和副偏角或增大刀尖圆弧半径，可减小表面粗糙度。另外，适当增大前角和后角，可减小切削变形和前后刀面间的摩擦，抑制积屑瘤的产生，也可减小表面粗糙度值。

4）切削液对表面质量的影响。

切削液的冷却和润滑作用能减小切削过程中的界面摩擦，降低切削区温度，使切削层金属表面的塑性变形程度下降，抑制积屑瘤的产生，因此可大大减小表面粗糙度值。

三、任务分析

如图 4-1 所示，该零件外形尺寸：长×宽×高=215mm×135mm×290mm，属于箱体类小零件。两 ϕ90H7 孔粗糙度要求 Ra1.6，两孔为同轴孔，是装配蜗杆及轴承的重要孔，同轴度 ϕ0.05。两蜗轮装配孔 ϕ180H7 粗糙度要求 Ra1.6μm，两孔为同轴孔，是装配蜗轮及轴承的重要孔，同轴度 ϕ0.06，且与蜗杆装配孔的垂直度要求是 0.06，光孔孔径较大，精度要求较高。两侧面都必须加工。该零件以孔为主，且孔与孔之间的精度、孔与面之间的位置要求也较高，既有同轴孔系，又有垂直孔系。可选择在小型加工中心上加工。

四、任务实施

（一）任务准备
（1）准备《数控加工工艺制订与实施》相关教学资料，包括教材、教参、工作任务书等。
（2）准备教学用辅具、典型轴类零件。
（3）准备生产资料，包括机床设备、工艺装备等。
（4）安全文明教育。
（二）任务实施
1. 减速器箱体的加工技术分析
分析零件图样是工艺准备中的首要工作，直接影响零件加工工艺的编制及加工结果。

首先应熟悉零件在产品中的作用、位置、装配关系和工作条件，搞清各项技术要求对零件装配质量和使用性能的影响，找出主要的和关键的技术要求，然后对零件图样进行分析。

制订减速器箱体的机械加工工艺规程前，必须认真研究减速器箱体零件图，对减速器箱体零件进行工艺分析。具体可对减速器箱体零件图进行研究。检查零件图的完整性和正确性、分析零件的技术要求，并对其结构工艺性进行分析。

（1）结构工艺性分析

如图 4-1 所示，该零件外形尺寸长×宽×高=215mm×135mm×290mm，属于箱体类小零件。所用材料：HT200，箱体毛坯是铸造毛坯。

两个 ϕ90H7 孔的表面粗糙度要求为 Ra1.6μm，两孔为同轴孔，是装配蜗杆及轴承的重要孔，同轴度要求为 ϕ0.05。两蜗轮装配孔 ϕ180H7 的表面粗糙度要求为 Ra1.6μm，两孔为同轴孔，是装配蜗轮及轴承的重要孔，同轴度为 ϕ0.06，且与蜗杆装配孔的垂直度要求是 0.06，光孔孔径较大，精度要求较高。两侧面都必须加工，该零件以形状为主，装配面加工要求也较高。

（2）尺寸精度分析

从零件的尺寸精度看，该零件仅孔有尺寸精度要求，并且孔尺寸不大，尺寸公差为 IT7～IT8，具备较好的加工工艺性。

（3）材料加工工艺性分析

从材料的加工工艺上看该零件材料为铸铁 HT200，切削加工性能较好。

综上所述，该减速器箱体具备较好的加工工艺性。

2．箱体零件的材料与毛坯

一般箱体的材料采用铸铁，它具有容易成形、切削性能好、价格低以及吸振性好等优点，也有采用压铸铝的，只有在单件小批生产中，为缩短生产周期，有时采用钢板焊接。

铸铝牌号可选用 ZL108、ZL109。铸铁牌号可选用 HT150～HT300，通常采用 HT200，小批生产时毛坯采用木模手工造型，大批量时采用金属模造型。

3．选择减速器箱体加工方案

该减速器箱体主要结构特点是围绕两个蜗杆装配孔和两个蜗轮装配孔来加工的，为了使四孔的尺寸及形位公差达到设计要求，就需要先加工出基准面，为加工四个轴承座孔做好准备。

（1）各结构要素加工方法选择

1）底面：粗铣—精铣

2）顶面：粗铣—精铣

3）ϕ90H7 凸台面：粗铣—镗

4）ϕ180H7 凸台面：粗铣—镗

5）ϕ90H7 凸台面：粗镗—半精镗—精镗

6）ϕ180H7 凸台面：粗镗—半精镗—精镗

镗削加工最大的优点是，能纠偏，即纠正偏斜的孔，能最好的保证工件的形位公差，按以上加工方法是较经济的方案，能较好地满足 ϕ90H7 和 ϕ180H7 的尺寸精度和形位精度。如图 4-1 所示，为了保证 ϕ90H7 和 ϕ180H7 其对应的凸台面的垂直度，加工时先镗凸台面，再镗孔来保证其垂直度，两 ϕ90H7 和两 ϕ180H7 同轴度要求为 ϕ0.05，因此必须一次进刀加工将两 ϕ90H7 孔加工出来；同样方法加工 ϕ180H7 孔。

（2）确定加工顺序

通过以上工艺分析，该箱体零件必须在数控机床上加工的内容为：

1）加工上、下平面。

2）加工四个轴承孔台阶面，加工四个轴承孔。

切削工序安排的总原则是前期工序必须为后续工序创造条件，做好基准准备。具体原则有基准先行、先主后次、先粗后精、先面后孔。同时在数控加工遵循工序集中原则进行安排。因此应在一次装夹中加工尽可能多的结构要素。

按照加工顺序的安排原则，在加工上平面，加工上、下平面处外轮廓和各孔工序中应先粗、精加工上、下平面，再粗、精加工轴承孔台阶面，最后加工各孔。

由于四个轴承孔及台阶面一次装夹中无法加工，因此重新安装加工另外两组轴承孔及台阶面。

（3）选择刀具

所需刀具有面铣刀、粗、精镗刀、中心钻、麻花钻、丝锥等，其规格根据加工尺寸选择。

上、下平面粗铣铣刀直径应选稍大一些，提高加工效率；上、下平面精铣铣刀直径应选更大一些，以减少接刀痕迹，但要考虑到刀库允许装刀直径也不能太大。

台阶面采用面铣刀加工，粗加工由于要考虑生产效率以及刀具的刚性，刀具直径选择大些，可选择 ϕ80 的面铣刀，精加工时同样用 ϕ80 的面铣刀通过高转速，降低进给速度，进而提高工件表面粗糙度。

孔加工各工步的刀具直径根据加工余量和孔径确定。

数控加工刀具卡片见表 4-1。

表 4-1　数控加工刀具卡片

产品名称或代号			零件名称	减速器箱体	零件图号	
序号	刀具号	刀具规格名称/mm	数量	加工表面/（尺寸单位 mm）		备注
1	T01	硬质合金面铣刀 ϕ120	1	铣上、下平面		
2	T06	硬质合金面铣刀 ϕ80	1	粗、精铣 ϕ90 孔台阶面 粗、精铣 ϕ180 孔台阶面		
3	T03	ϕ5 中心钻	1	钻各螺纹孔中心孔		
4	T04	麻花钻 ϕ12.8	1	钻 M16 螺纹孔		
5	T05	M16 机用丝锥	1	攻 M16 螺纹孔		
6	T02	麻花钻 ϕ4.8	1	攻 M6 螺纹孔		
7	T07	ϕ90 内孔镗刀	1	粗镗、精镗 ϕ90H7 孔		
8	T08	麻花钻 ϕ6.4	1	M8 螺纹孔		
9	T09	ϕ180 内孔镗刀	1	粗镗、精镗 ϕ180H7 孔钻		
编制		审核		批准		共　页　　第　页

（4）选择装夹方法

具体到减速器箱体零件铣上、下面时可以采用平口钳进行装夹。

铣上、下平面和 ϕ90H7、ϕ180H7 孔单边台阶面时，依然可采用平口钳进行装夹，保证加工后的上、下平面的平行，侧面辅以挡块定位，限制工件的六个自由度。完全定位保证设计要求。

减速器箱体四个轴承孔加工时工件的装夹就略显复杂，因为四个轴承孔和已加工好的台阶面轮廓及孔无法在一次装夹中加工，同时它们之间又要保证相互位置要求，在装夹方案设计时就必须以已加工好的结构要素来作为定位面。此时可采用典型的"两面一销"定位法来进行定位，利用已加工好的上、下面及 ϕ90H7、ϕ180H7 台阶面定位，实现工件完全定位。

五、检查评估

减速器箱体的加工工艺评分标准见表 4-2。

表 4-2　减速器箱体的加工工艺评分标准

姓名		零件名称	减速器箱体		总得分		
项目	序号	检查内容		配分	评分标准	检测记录	得分
加工工艺	1	毛坯		10	不合理每处扣 5 分		
	2	刀具		10	不合理每处扣 5 分		
	3	加工方案		20	不合理每处扣 5 分		
	4	加工工艺分析		40	不合理每处扣 10 分		
表现	5	团队协作		10	根据具体协作扣分		
	6	考勤		10	根据出勤情况扣分		

六、知识拓展

难切削材料

1. 难切削材料的种类

难切削材料，科学地说，就是切削加工性差的材料，即硬度>HB250，强度 σ_b>1000MPa，伸长率>80%，冲击值 α_k>98MJ/m^2，导热系数 k<41.8W/(m·K)的材料。但在日常生产中，切削加工所用的材料种类繁多，性能各异。对某一种材料性能的有关数据并非全面达到或超过以上指标，有一项以上者超过上述指标，也属于难切削材料。

难切削材料种类很多，从金属到非金属材料的范围也很广，一般可分为以下八大类：

（1）微观高硬度材料：如玻璃钢、岩石、可加工陶瓷、碳棒、碳纤维、各种塑料、胶木、树脂、合成材料、硅橡胶、铸铁等。这类材料的特点是含有硬质点相，其中有的研磨性很强，切削时起磨料作用，故刀具主要承受磨料磨损，高速切削时也伴随着物理、化学磨损。

（2）宏观高硬度材料：如淬火钢、硬质合金、陶瓷、冷硬铸铁、合金铸铁、喷涂材料（镍基、钴基）等。这类材料的主要特点是硬度高（HRC55～66）。切削这类材料时，由于切削力大，切削温度高，刀具主要承受磨料磨损和崩刃。

（3）加工时硬化倾向严重的材料：如不锈钢、高锰钢、耐热钢、高温合金等。这类材料的塑性高、韧性好、强度高、强化系数高（一般为100%以上），切削加工时表面硬化现象严重。由于这类材料的强度高，导热系数低，切削温度高，切削力大，刀具主要承受磨料磨损、粘结磨损和热裂磨损。

（4）切削温度高的材料：如合成树脂、木材、硬质橡胶、石棉、酚醛塑料、高温合金、钛合金等。这类材料的导热系数很低，刀具易产生磨料、粘结、扩散和氧化磨损。

（5）高塑性材料：如纯铁、纯镍、纯铜等。由于这类材料伸长率大于50%，塑性很高，切削时塑性变形很大，易产生积屑瘤和鳞刺，刀具主要承受磨料磨损和粘结磨损。

（6）高强度材料：是指强度 $\sigma_b > 1000\text{MPa}$ 的材料，如奥氏体不锈钢、高锰钢、高温合金和部分合金钢。由于它们的强度高，切削时的切削力大，切削温度高，不仅刀具易磨损，而且切屑不易处理。

（7）化学活性大的材料：如钛、镍、钴及其他合金。这类材料化学活性大、亲和性强，切削加工时易粘结在刀具上，与刀具材料产生化学、物理反应，相互扩散。

（8）稀有高熔点材料：是指熔点高于1700℃的难熔金属材料，如钨、钼、铌、钽、锆、铪、钒、铼的纯金属及其合金。由于这些材料本身的熔点高，切削加工时切削力大，切屑变形也大，刀具主要承受磨料磨损和粘结磨损。

2. 难切削材料的切削特点

（1）切削力大：难切削材料大都具有高的硬度和强度，原子密度和结合力大，抗断裂韧性和持久塑性高，在切削过程中切削力大。一般难切削材料的单位切削力是切削45号钢单位切削力的1.25～2.5倍。

（2）切削温度高：多数的难切削材料，不仅具有较高的常温硬度和强度，而且具有高温硬度和高温强度。因此消耗的切削变形功率大，加之材料本身的导热系数小，形成了很高的切削温度。例如，切削速度为75m/min时，不同材料的切削温度比切削45号钢的切削温度高的情况是：TC-4高435℃，GH2132高320℃，1Cr18Ni9Ti高195℃。

（3）加工硬化倾向大：一部分难切削材料，由于塑性、韧性高，强化系数高，在切削力和切削热的作用下，产生很大的塑性变形，造成加工硬化。无论是冷硬的程度还是硬化层深度都比切削45钢高好几倍。加之在切削热的作用下，材料吸收周围介质中的氢、氧、氮等元素的原子，而形成硬脆的表层，给切削带来很大的困难。如高温合金切削后的表层硬化程度比基体大50%～100%，1Cr18Ni9Ti奥氏体不锈钢高85%～95%，高锰钢（Mn13）高200%，其硬化层深度达0.1mm以上。

（4）刀具磨损大：难切削材料的切削力大，切削温度高，刀具与切屑之间的摩擦加剧，刀具材料与工件材料产生亲和作用。材料硬质点的存在和严重的加工硬化现象的产生，使刀具在切削过程中产生粘结、扩散、磨料、边界和沟纹磨损，使刀具丧失切削的能力。

（5）切削难处理：材料的强度高，塑性和韧性大，切削时的切屑呈带状的缠绕屑，既不安全，又影响切削过程的顺利进行，而且也不便于处理。

3．改善难切削材料切削加工性的基本途径

（1）选用合理的刀具材料：根据被加工材料的性能、加工方法、加工的技术条件和现在采购供应的刀具材料，进行合理选用。很多难切削材料在切削时，刀具材料十分关键。

（2）改善切削条件：切削难切削材料时，由于切削力大，应选择有足够功率和刚性的机床及工艺装备。

（3）选择合理的刀具几何参数和切削用量：根据不同的刀具材料、工件材料的性能和工艺条件，进行综合考虑，选择合理的刀具几何参数与切削用量，做到既发挥刀具材料的切削性能，又保证一定的刀具耐用度，使切削顺利进行，获得合理的加工质量和效率。

（4）对被加工材料进行适当的热处理：通过热处理来改变被加工材料的性能和金相组织，达到改善材料切削加工性的目的。

（5）重视切屑控制：加工难切削材料时，切屑控制是一个普遍存在的问题。特别是对自动化程度高的机床更为重要。只有具有可靠的断屑措施，才能顺利地进行切削。

（6）采用其他加工措施：如采用等离子加热切削、振动切削、电熔爆切削，都可以获得良好的加工效果。

七、思考与练习

（一）填空题

1．箱体类零件的种类很多，按结构形状一般可分为_____箱体和_____箱体两类。

2．箱体材料一般选用_____，负荷大的主轴箱材料也可采用_____。

3．影响表面粗糙度的工艺因素主要有_____、_____、_____、_____等。

4．在进给量一定的情况下，减小_____或增大_____，可减小表面粗糙度。

5．孔加工各工步的刀具直径根据_____和_____确定。

（二）选择题

1．加工箱体类零件时常选用一面两孔作为定位基准，这种方法一般符合（　　）。

　　A．基准重合原则　　　　　　　　B．基准统一原则

　　C．互为基准原则　　　　　　　　D．自为基准原则

2．箱体上（　　）基本孔的工艺性最好。

　　A．盲孔　　　　　B．通孔　　　　　C．阶梯孔　　　　　D．交叉孔

3．箱体零件的材料一般选用（　　）。

　　A．各种牌号的灰铸铁　　　　　　B．45 号钢

　　C．40Cr　　　　　　　　　　　　D．65Mn

4．铸铁箱体上 ϕ180H 孔常采用的加工路线是（　　）。

　　A．粗镗—半精镗—精镗　　　　　B．粗镗—半精镗—铰

　　C．粗镗—半精镗—粗磨　　　　　D．粗镗—半精镗—粗磨—精磨

5．箱体加工选择用箱体顶面作为精基准时，下列说法不正确的是（　　）。

　　A．适用于成批大量生产

　　B．出现了基准不重合误差

　　C．加工时不便于观察各表面加工情况

　　D．符合基准重合原则

（三）简答题

1．箱体类零件的功用与结构特点有哪些？

2．箱体类零件的主要加工内容是什么？各有什么样的加工方法？

3．在加工箱体零件孔时，如何选用加工机床和确定加工步骤？

任务2　编制蜗轮减速器箱体数控加工工艺

一、任务描述

如图4-1所示蜗轮减速器箱体的零件图，根据零件图给出的相关信息，分析该零件的功用、结构、材料、类型及主要技术要求，为该零件编制机械加工工艺文件。

二、任务资讯

（一）箱体工艺过程制订

1．加工方法的选择

加工方法选择不当会影响零件的加工精度与表面粗糙度，或者会降低生产率，增加成本。大多数工厂用车、铣、刨、镗等加工方法即可达到要求。但有些孔需用珩磨或精铰的方法来达到。在机床选择上，小批生产多采用通用万能镗床或数控机床，批量大时采用专用镗床或组合镗床。大端面、底面在小批生产时采用龙门刨床、龙门铣床，大批生产时采用卧式端面铣床。

2．精基准选择

有两种典型方案可供选择：

（1）以"一面两孔"作为精基准，即以箱体底面和底面上的两个螺栓孔作为精基准。为此，此两孔先要经过钻、扩、铰工序，使加工精度提高到7级。用一面两孔定位的优点是可限制6个自由度，定位稳定可靠，在一次安装下可同时加工除定位面外的所有5个方向上的孔和面。也可在多次装夹下，用多道工序加工这些表面，从而达到基准统一原则。但底面和螺孔不是设计基准，故会产生定位误差。此法由于夹紧方便，易于实现自动定位和夹紧，故适用于大批大量自动线生产。

（2）以装配基面作精基准。通常采用大轴承孔及端面作为精基准来加工孔系及其端面，这里的大轴承孔及其端面就是装配基面。此法符合基准重合原则，减少定位误差。它可消除5个自由度，从而减少辅助时间。

这两种定位方式各有优缺点，实际生产中的选用与生产类型有很大关系。中、小批生产时，尽可能使定位基准与设计基准重合，即一般选择设计基准作为统一的定位基准；大批量生产时，优先考虑的是如何稳定加工质量和提高生产率，不过分地强调基准重合问题，一般多用典型的一面两孔作为统一的定位基准，由此而引起的基准不重合，可采用适当的工艺措施去解决。

3. 粗基准选择

选择粗基准时应考虑三条要求：①在保证各加工面都有加工余量的前提下保证各孔加工余量尽量均匀；②所选定位基面应使定位夹紧可靠；③工作时运动部件不致于同机体非加工面相碰。

为此，通常以箱体的重要孔（如轴承孔）作粗基准，这样可以保证箱体上重要孔加工余量均匀，对提高孔的加工质量、耐磨性等有重要意义。同时，由于铸造箱体毛坯时，形成重要孔、其他孔以及机体内壁的泥芯常是做成（或装成）整体放入的，从而还能较好地保证这些孔加工余量的均匀性，对整个孔系加工都有利。此外，这也促使运动部件不容易与机体不加工的内壁相碰。反之，若以机体的底面作粗基准，则虽然可得到较好的外形尺寸，并且支撑、定位较为稳定，但上述第①、第③条要求则难以保证。

实际上，由于轴承孔作粗基准，表面粗糙，定位不稳，自动定心夹紧的夹具结构复杂，加之箱体形状复杂，加工面多，为了能面面俱到，在一般批量不大、毛坯精度不太高的生产加工中，就不可能以某一、两个表面作唯一粗基准，而是采用划线法来建立基准（这时，实际的划线也是基本上以轴承孔为基准）。在批量大、毛坯精度高的生产加工中，则可以轴承孔作粗基准。

4. 夹紧部位的选择

工件在机床上安装时，夹紧部位的选择必须考虑操作要方便，同时工件变形要小。在箱体顶面自上向下夹紧容易使工件变形，在箱体内部、下部夹紧则操作不便，若用箱体底部定位时，可选择底座上的螺孔处夹紧，则可避免上述变形和操作不便的缺点，若用轴承孔及其端面定位时，其夹紧部位选在端面上螺孔处，也可达到同样效果。

5. 加工顺序的安排

先加工平面，后加工孔，这是箱体零件加工的一般规律，因为这样可为孔加工提供稳定可靠的精基准。另外加工平面，切除了铸件表面的凹凸不平，对孔加工有利，可减少钻头引偏，减少扩、铰孔刀具崩刃，对刀调整也方便。

6. 粗、精分开的考虑

箱体零件主要表面加工常将粗、精加工分成两道工序进行。但尚需指出，随着粗、精加工分开，机床和夹具数量要相应增加，安装次数也相应增加，因此当批量不大以及机体较重，刚度较高时，往往又将粗、精加工合并在一个工序内进行。此时最好在粗加工后松开工件，使工件因夹紧而产生的弹性变形得以恢复，然后再用较小的夹紧力夹紧工件进行精加工（为同一工序）。此外在粗加工后，经充分冷却再进行精加工则更好。

7. 热处理工序的安排

为了消除铸造时形成的较大内应力，通常箱体毛坯在铸造后进行人工时效处理。对于精度要求高或形状特别复杂的机体，在粗加工后再进行一次人工时效处理，以消除粗加工本身造成的内应力。

（二）箱体的加工工艺过程

分离式箱体工艺路线与整体式箱体工艺路线的主要区别在于：整个加工过程分为两个阶段。第一个阶段先对箱盖和底座分别进行加工，主要完成对合面及其他平面，紧固孔和定位孔的加工，为箱体的合装做准备；第二阶段在合装后的箱体上加工孔及其端面。在两个阶段中间安排钳工工序，将两部分合装成箱体，并用两销定位，使其保持一定的位置关系。

箱体类零件的生产过程一般分单件小批量生产和大批量生产两种工艺过程。

单件小批量生产时，箱体类零件的工艺过程：铸造毛坯—时效—划线—粗加工主要平面和其他平面—划线—粗加工支承孔—二次时效—精加工主要平面和其他平面—精加工支承孔—划线—钻各小孔攻螺纹、去毛刺。

大批量生产时，箱体类零件的工艺过程：铸造毛坯—时效—加工主要平面和工艺定位孔—二次时效—粗加工各平面上的孔—攻螺纹、去毛刺—精加工各平面上的孔。

三、任务分析

图 4-1 所示的蜗轮减速器箱体是一组合件，该零件的材料是 HT200，批量生产。分析零件的加工工艺时，首先应分析箱体的技术要求、结构特征、了解箱体类零件的加工工艺特点，解决箱体的定位基准的选择和装夹方法，合理安排加工顺序，才能制订出合理的机械加工工艺规程。

四、任务实施

（一）任务准备

（1）准备《数控加工工艺制订与实施》相关教学资料，包括教材、教参、工作任务书等。

（2）准备教学用辅具、典型轴类零件。

（3）准备生产资料，包括机床设备、工艺装备等。

（4）安全文明教育。

（二）任务实施

1. 加工余量确定

该零件材料 HT200，切削性能较好。毛坯为铸件，造型采用一般造型。毛坯余量选择 6mm。铣削平面、台阶面及轮廓时，粗加工后留 0.5mm 精加工余量；孔加工留 0.3mm 精镗余量。

2. 切削用量的确定

切削用量可采用计算法或查阅相关手册确定。

3. 编制数控加工工艺

为更好地指导生产，根据以上各项分析及有关数据计算，将该零件的加工顺序、所用刀具、切削用量等参数编入表 4-3 所示的减速器箱体数控加工工艺卡中。

表 4-3 减速器箱体数控加工工艺卡

零件名称		减速器箱体		零件图号		WL10-20-000		工件材质		HT20-40
工序号		夹具名称	平口钳 专用夹具			车间				
工步号		工步内容	刀具号	主轴 转速 n	进给 速度 v_t	背吃 刀量 a_p		刀具名称		备注
1		粗铣顶面	T01	300	300	2.5		ϕ120 面铣刀		
2		精铣顶面	T01	600	300	0.5		ϕ120 面铣刀		
3		点钻 4×M6 螺孔	T03	1000	300	2.5		ϕ5 中心钻		
4		钻 4×M6 螺孔	T02	800	300	0.5		ϕ4.8 麻花钻		
5		粗铣底面	T01	300	300	2.5		ϕ120 面铣刀		
6		精铣底面	T01	600	300	0.5		ϕ120 面铣刀		
7		点孔加工	T03	1000	300	2.5		ϕ5 中心钻		
8		钻 M16 放油孔至 ϕ12.8	T04	600	300	3.9		ϕ12.8 麻花钻		
9		攻 M16 放油孔	T05	150	150	1.5		M16 机用丝锥		
10		铣 ϕ90H7 台阶面	T06	600	300	2.5		ϕ80 面铣刀		
11		铣 ϕ180H7 台阶面	T06	600	300	2.5		ϕ80 面铣刀		
12		粗镗 ϕ90H7 孔及 ϕ120 台阶面	T07	300	50	2.35		ϕ90 镗刀		
13		点钻 4×M8 螺孔	T03	1000	300	2.5		ϕ5 中心钻		
14		钻 2×M8 螺纹孔至 ϕ6.4	T08	600	300	3.2		ϕ6.4 麻花钻		
15		调头精镗 ϕ90H7 孔及 ϕ120 台阶面	T07	300	50	0.3		ϕ90 镗刀		
16		点钻 4×M8 螺孔	T03	1000	300	2.5		ϕ5 中心钻		
17		钻 2×M8 螺纹孔至 ϕ6.4	T08	600	300	3.2		ϕ6.4 麻花钻		
18		粗镗 ϕ180H7 孔及 ϕ205 台阶面	T09	300	50	2.35		ϕ180 镗刀		
19		点钻 4×M8 螺孔	T03	1000	300	2.5		ϕ5 中心钻		
20		点钻 2×M8 螺纹孔至 ϕ6.4	T08	600	300	3.2		ϕ6.4 麻花钻		
21		调头精镗 ϕ180H7 孔及 ϕ205 台阶面	T09	300	50	0.3		ϕ180 镗刀		
22		点钻 4×M8 螺孔	T03	1000	300	2.5		ϕ5 中心钻		
		钻 2×M8 螺纹孔至 ϕ6.4	T08	600	300	3.2		ϕ6.4 麻花钻		
编制				审核		批准				

减速器箱体数控加工工艺文件详见附表 1。

五、检查评估

减速器箱体的加工工艺评分标准见表 4-4。

表 4-4　减速器箱体的加工工艺评分标准

姓名			零件名称	减速器箱体		总得分		
项目	序号		检查内容	配分	评分标准		检测记录	得分
加工工艺	1		加工余量	10	不合理每处扣 5 分			
	2		切削用量	20	不合理每处扣 5 分			
	3		数控加工工艺	50	不合理每处扣 10 分			
表现	4		团队协作	10	根据具体协作扣分			
	5		考勤	10	根据出勤情况扣分			

六、知识拓展

加工中心的选用

任何一台加工中心都有一定的规格、精度、加工范围和使用范围。规格相近的加工中心，一般卧式加工中心要比立式加工中心贵 50%～100%。因此，从经济性角度考虑，完成同样工艺内容，如立式加工中心能完成，则首先考虑选用立式加工中心。只有立式加工中心不适合加工零件时，才考虑选用卧式加工中心。

1. 加工中心类型的选择

（1）立式加工中心适用于单工位加工的零件，如箱盖、端盖和平面凸轮等。

（2）卧式加工中心适用于多工位加工和位置精度要求较高的零件，如箱体、泵体、阀体和壳体等。

（3）当工件的位置精度要求较高，宜选用卧式加工中心；若卧式加工中心不能在一次装夹中完成多工位加工以保证位置精度，则应选用复合加工中心。

（4）当工件尺寸较大，一般立柱式加工中心的工作范围不足时，则应选用龙门式加工中心。

当然，上述加工类型选择原则也不是绝对的。如果企业不具备各种类型的加工中心，则应从如何保证工件的加工质量出发，灵活地选用设备类型。

2. 加工中心规格的选择

选择加工中心规格需要考虑的主要因素有工作台大小、坐标轴数量、各坐标轴行程及主电机功率等。

（1）工作台规格选择。工作台选择应略大于零件的尺寸，以便安装夹具。例如零件外形尺寸是 450mm×450mm×450mm 的箱体，选取尺寸为 500mm×500mm 的工作台即可。加工中心工作台台面尺寸与 x、y、z 三坐标行程有一定的比例，如工作台台面为 500mm×500mm，则 x、y、z 坐标行程分别为 700～800mm、550～700mm、500～600mm。另外，工件和夹具的总重量不能大于工作台的额定负载，工件移动轨迹不能与机床防护罩干涉，交换刀具时，不得与工件夹具相碰等。

（2）加工范围选择。若工件尺寸大于坐标行程，则加工区域必须在坐标行程以内。如 VTC-16A 型立式加工中心的工作台尺寸为 900mm×410mm，而其 x、y、z 轴的行程为 560mm×613410mm×510mm，其中 x 轴向工作台尺寸明显大于其行程，在选择适合加工的零件时，可以选择 x 向尺寸大于行程的。但此时注意必须保证各加工表面都处于坐标行程范围内，同时还要考虑刀具长度的影响。

（3）机床主轴电机功率及扭矩选择。机床主轴电机功率反映了机床的切削效率和切削刚性。加工中心一般都配置功率较大的交流或直流调速电机，调速范围比较宽，可满足高速切削的要求。但在用大直径盘铣刀铣削平面和粗镗大孔时，转速较低，输出功率较小，扭矩受限制。因此，必须对低速转矩进行校核。

3. 选择加工中心时主要考虑以下几项功能

（1）数控系统功能。每种数控系统都具备许多功能，如随机编程、图形显示、人机对话、故障诊断等功能。有些功能属于基本功能，有些功能属于选择功能。在基本功能的基础上，每增加一项功能，都需要增加数千甚至数万元资金。因此，应根据实际需要选择数控系统的功能。

（2）坐标轴控制功能。坐标轴控制功能主要从零件本身的加工要求来选择。如平面凸轮需两轴联动，复杂曲面的叶轮、模具等需要三轴或四轴以上联动。

（3）工作台自动分度功能。当零件在卧式加工中心上需经多工位加工时，机床的工作台应具有分度功能。普通型的卧式加工中心多采用鼠齿盘定位的工作台自动分度，分度定位精度较高，其分度定位间距有 0.5×720、1×360、3×120、5×72 等，根据零件的加工要求选择相应的分度定位间距。立式加工中心可配置数控分度头。

七、思考与练习

（一）填空题

1. 箱体零件精基准选择有_____、_____两种典型方案可供选择。

2. 先加工_____，后加工_____，这是箱体零件加工的一般规律。

3. 用一面两孔定位的优点是可限制_____个自由度。

4. 以装配基面作精基准，可限制_____个自由度。

5. 箱体类零件的生产过程一般分_____生产和_____生产两种工艺过程。

（二）选择题

1. 箱体上中等尺寸的孔常采用钻—镗精加工，较小尺寸的孔常采用（　　）精加工。

  A．钻—扩—拉　　　B．钻—镗　　　　C．钻—铰　　　　　D．钻—扩—铰

2. 箱体类零件常以一面两孔定位，相应的定位元件是（　　）。

  A．一个平面、两个短圆柱销

   B. 一个平面、一个短圆柱销、一个短削扁销

   C. 一个平面、两个长圆柱销

   D. 一个平面、一个长圆柱销、一个短圆柱销

3. 加工整体式箱体时应采用的粗基准是（　　）。

   A. 顶面　　　　　　B. 主轴承孔　　　　C. 底面　　　　　　D. 侧面

4. 大型的箱体零件应选用（　　）铣削加工。

   A. 立式铣床　　　　B. 仿形铣床　　　　C. 龙门铣床　　　　D. 万能卧式铣床

（三）简答题

1. 安排箱体类零件的工艺时，为什么一般要依据"先面后孔"的原则？

2. 箱体零件的粗基准、精基准选择时应考虑哪些问题？

3. 制定箱体类零件加工工艺时，基准的选择原则是什么？

4. 试编制如图 4-3 主轴箱的加工工艺。

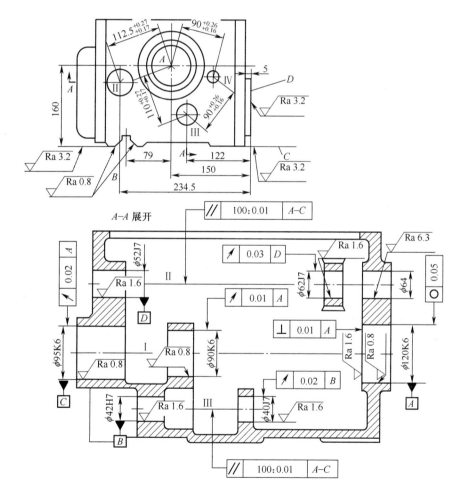

图 4-3　主轴箱

项目五　凸台槽孔板的数控加工工艺制订与实施

一、任务描述

在立式加工中心上加工图 5-1 所示凸台槽孔板零件，零件材料为 HT200，铸件半成品尺寸为 100mm×80mm×26mm，主要加工上平面、两个销孔、一个圆弧槽和一个六边形。试编制加工工艺。

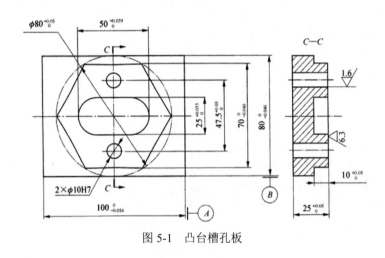

图 5-1　凸台槽孔板

二、任务资讯

内外轮廓的加工方法因进刀方式不同，可分为直线切入法、切线切入法、圆弧切入法。实际加工要根据零件的实际结构合理选择。下面介绍三种切入方法的进退刀路线。

1. 外轮廓的加工方法

（1）直线切入法。是铣刀轴线与工件轴线平行（处在同一平面内）并以直线进给切入工件外圆，然后再执行圆弧插补的加工方法，如图 5-2 所示。

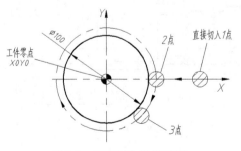

图 5-2　直线切入法铣整圆

（2）切线切入法。是铣刀沿工件外圆切线切入工件，然后再执行圆弧插补的加工方法，如图 5-3 所示。

（3）圆弧切入法。是铣刀以过渡圆弧切入工件外圆，然后再执行圆弧插补的加工方法，如图 5-4 所示。

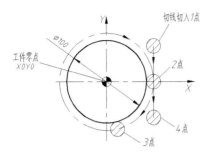

图 5-3　切线切入法铣整圆

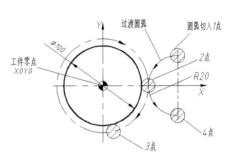

图 5-4　圆弧切入法铣速圆

2. 内轮廓的加工方法

内轮廓的进刀方法只能选用直进法和圆弧切入法，方法同外轮廓。

三、任务分析

该零件主要涉及钻—铰孔、铣槽、铣削外轮廓，因此，应根据零件结构合理选择刀具、加工方法，确定切削用量，编制数控加工工艺。

四、任务实施

（一）任务准备

（1）准备《数控加工工艺制订与实施》相关教学资料，包括教材、教参、工作任务书等。

（2）准备教学用辅具、复合类零件。

（3）准备生产资料，包括机床设备、工艺装备等。

（4）安全文明教育。

（二）任务实施

1. 凸台槽孔板的加工技术分析

（1）结构工艺性分析

该零件外形尺寸长×宽×高=100mm×80mm×25mm，属于槽板类零件。所用材料：HT200，毛坯是铸造毛坯。

（2）尺寸精度分析

两个 ϕ10H7 孔的表面粗糙度要求为 Ral.6μm，两孔为平行孔，是装配的重要孔，中心距要求为 ϕ47.5。腰型槽的长宽高都有精度要求，六边形轮廓也有精度要求。并且孔尺寸不大，尺寸公差为 IT7，具备较好的加工工艺性。

（3）材料加工工艺性分析

从材料的加工工艺上看该零件材料为铸铁 HT200，切削加工性能较好。

综上所述，该零件具备较好的加工工艺性。

2. 凸台槽孔板零件的材料与毛坯

一般板材的材料采用铸铁，它具有容易成形、切削性能好、价格低以及吸振性好等优点，也有采用压铸铝的，只有在单件小批生产中，为缩短生产周期，有时采用钢板焊接。

3. 选择凸台槽孔板加工方案

（1）上平面：粗铣—精铣。

（2）六边形：粗铣—精铣。

（3）腰型槽：粗铣—精铣。

（4）ϕ10H7孔：中心孔定位—钻孔—铰孔。

4. 零件的装夹

根据图样要求、毛坯及前道工序加工情况，确定工艺方案及加工路线。

以已加工过的底面为定位基准，用平口钳夹紧工件两侧面，并固定于工作台上。因工件的加工部位主要有六边形、腰形槽和孔，以工件的对称中心和工件的上表面的交点为工件原点，建立工件坐标系。

5. 选择刀具

铣刀材料和几何参数主要根据零件材料的切削加工性、工件表面几何形状和尺寸大小选择；切削用量则根据零件材料的特点、刀具性能及加工精度要求确定。加工刀具卡见表5-1。

表 5-1　数控加工刀具卡片

产品名称或代号：			零件名称：凸台槽孔板			零件图号：	
序号	刀具号	刀具规格及名称	材质	数量	加工表面		备注
1	T01	ϕ100mm 盘铣刀	硬质合金	1	上表面		
2	T02	ϕ16mm 立铣刀	高速钢	1	六边形轮廓和腰形槽		
3	T03	A3 中心钻	高速钢	1	2×ϕ10 孔		
4	T04	ϕ9.8mm 钻头	高速钢	1	2×ϕ10 孔（钻孔）		
5	T05	ϕ10H7mm 铰刀	高速钢	1	2×ϕ10 孔（铰孔）		
编制：			审核：				

6. 确定加工工艺

（1）外轮廓的粗、精铣削

1）批量生产时，粗精加工刀具要分开，本例采用同一把刀具进行。粗加工单边留0.2mm余量。大批量生产时，可以先去除轮廓边角料（如图5-5所示），再粗精铣六边形外形轮廓；小批量或单件生产，也可以直接粗、精铣六边形外形轮廓，空行程多，但可减少程序段。

2）六边形外形轮廓的粗、精加工。采用同一把刀具，同一加工程序，通过改变刀具半径补偿值的方法来实现粗、精加工。

（2）腰形槽粗、精铣削

采用与外形加工同一把刀具进行，减少换刀次数和零件深度的加工误差。

1）腰形槽铣削粗加工。

粗铣腰形槽，因立铣刀不能垂直下刀切入工件，采用斜线下刀切入工件的方式，从 A 点到 G 点斜线切入，然后再从 G 点到 A 点，如图 5-6 所示。

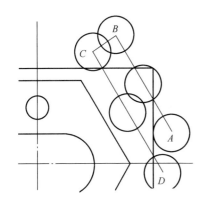
图 5-5　外轮廓去角料路线

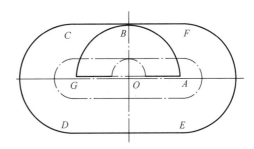
图 5-6　腰形槽精加工路线

2）半精、精铣腰形槽。

腰形槽轮廓加工采取圆弧切入法，进退刀圆弧 R12.5。走刀路线如图 5-6：O—A—B—C—D—E—F—B—G—O。

（3）加工 2×ϕ10 通孔，根据孔的加工精度，确定孔的加工方法为先钻中心定位，然后麻花钻钻孔，最后铰孔精加工。

因工件选用刀具较多，相应的切削用量也不同，切削用量的具体数值应根据该机床性能、相关的手册并结合实际经验确定。

制订加工工艺卡片，见表 5-2。

表 5-2　数控加工工艺卡片

零件名称	凸台槽孔板	零件图号		工件材料		HT200	
夹具名称				车间			
工步号	工步内容	刀具号	主轴转速/（r/min）	进给量/（mm/min）	背吃刀量/（mm）	备注	
1	工件上平面	T01	800	100	1	自动	
2	粗铣外轮廓	T02	450	80	6	自动	
3	精铣外轮廓	T02	700	100	0.2	自动	
4	粗铣腰形槽	T02	500	100	6	自动	
5	半精铣、精铣腰形槽	T02	800	80	0.2	自动	
6	钻中心孔	T03	2000	80	1.5	自动	
7	钻 2×ϕ10 底孔	T04	600	80	3.9	自动	
	铰 2×ϕ10H7 孔	T05	200	50	0.1	自动	
编制		审核		批准			

五、检查评估

凸台槽孔板的加工工艺评分标准见表 5-3。

表 5-3   凸台槽孔板的加工工艺评分标准

姓名		零件名称	凸台槽孔板		总得分		
项目	序号	检查内容		配分	评分标准	检测记录	得分
加工工艺	1	刀具		10	不合理每处扣 5 分		
	2	切削用量		20	不合理每处扣 5 分		
	3	数控加工工艺		50	不合理每处扣 10 分		
表现	4	团队协作		10	根据具体协作扣分		
	5	考勤		10	根据出勤情况扣分		

六、知识拓展

其他常用铣床简介

1. X5032 型立式铣床

立式铣床与卧式铣床与很多地方相似，不同的是：主式铣床床身顶部没有导轨，也无横梁，主轴安装在可以偏转的立铣头内，如图 5-7 所示。

2. X8126 型万能工具铣床

其垂直主轴能在平行于纵向的垂直平面内作 ±45° 范围内任意角度的偏转；使用圆工作台后，可实现圆周进给运动和在水平面内做简单的圆周等分，可加工圆弧轮廓面等曲面；使用万能角度工作台，可使工作台在空间绕纵向、横向、垂直方向三个相互垂直的坐标轴回转角度，以适应各种倾斜面和复杂工件的加工，如图 5-8 所示。

3. X2010C 型龙门铣床

框架式结构，刚性好，适宜进行高速铣削和强力铣削；横向和垂直方向的进给运动由主轴箱和主轴或横梁完成，工作台只能做纵向进给运动，如图 5-9 所示。

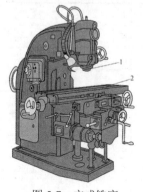

图 5-7   立式铣床

图 5-8   万能工具铣床

图 5-9   龙门铣床

七、思考与练习

（一）填空题

1．内外轮廓的加工方法因进刀方式不同，可分为_____、_____、_____三种。

2．一般板材的材料采用_____，它具有容易成形、切削性能好、价格低以及吸振性好等优点。

3．铰孔可降低加工表面的粗糙度和提高加工精度，但不能提高加工精度中的_____精度。

4．为保证零件加工质量和合理地使用设备、人力，机械加工工艺过程一般可以分为_____、_____、_____和光整加工阶段。

5．组成环按其对封闭环的影响可分为_____和_____。但某一组成环增大时，若封闭环也增大，该组成环称为_____；若某一组成环增大时封闭环减小，该组成环称为_____。

（二）选择题

1．下列陈述错误的是（　　）。

　　A．当设计基准与定位基准不重合时，就有基准不重合误差，其值是设计基准与定位基准之间尺寸的变化量

　　B．基准不重合一般发生在：①直接得到加工尺寸不可能或不方便；②在制定工艺规程时，要求定位基准单一以便减少夹具类型或进行自动化生产

　　C．为了保证设计尺寸，在选择基准时必须采用基准重合的原则，以避免基准不重合误差

　　D．基准不重合误差不仅指尺寸误差，对位置误差也要考虑

2．下列陈述错误的是（　　）。

　　A．加工所要求的限制的自由度没有限制是欠定位，欠定位是不允许的

　　B．欠定位和过定位可能同时存在

　　C．如果工件的定位面精度较高，夹具的定位元件的精度也高，过定位是可以允许的

　　D．当定位元件所限制的自由度数大于六个时，才会出现过定位

3．编制零件机械加工工艺规程，编制生产计划和进行成本核算最基本的单元是（　　）。

　　A．工步　　　　　　B．工序　　　　　　C．工位　　　　　　D．安装

4．ES_i 表示增环的上偏差，EI_i 表示增环的下偏差，ES_j 表示减环的上偏差，EI_j 表示减环的下偏差，m 为增环的数目，n 为减环的数目，那么，封闭环的上偏差为（　　）。

　　A．$\displaystyle\sum_{i=1}^{m} ES\overrightarrow{A_i} - \sum_{j=m+1}^{n-1} ES\overleftarrow{A_j}$　　　　　　B．$\displaystyle\sum_{i=1}^{m} EI\overrightarrow{A_i} - \sum_{j=m+1}^{n-1} ES\overleftarrow{A_j}$

　　C．$\displaystyle\sum_{i=1}^{m} ES\overrightarrow{A_i} - \sum_{m+1}^{n-1} EI\overleftarrow{A_j}$　　　　　　D．$\displaystyle\sum_{i=1}^{m} ES\overrightarrow{A_i} - \sum_{i=m+1}^{n-1} ES\overleftarrow{A_i}$

5．在安排工艺路线时，为消除毛坯工件内应力和改善切削加工性能，常进行的退火热

处理工序应安排在（　　）进行。

  A．粗加工之前   B．精加工之前

  C．精加工之后   D．都正确

（三）简答题

1．简述制订工艺规程的步骤。

2．外圆表面有哪些切削加工方法？

3．简述零件加工过程中加工阶段的划分以及各个加工阶段的主要任务是什么。

4．简述机械加工顺序安排的原则。

5．精基准的选择有哪些原则？

6．单件时间由哪几个部分组成？

7．生产中确定加工余量的方法有哪些？

8．什么叫完全定位、不完全定位？什么叫欠定位、过定位？

9．何谓工序、安装、工位、工步、走刀？在一台机床上连续完成粗加工和半精加工算几道工序？若中间穿插热处理又算几道工序？

10．工艺规程的作用有哪些？

（四）分析题

制订图 5-10 所示零件的数控加工工艺。

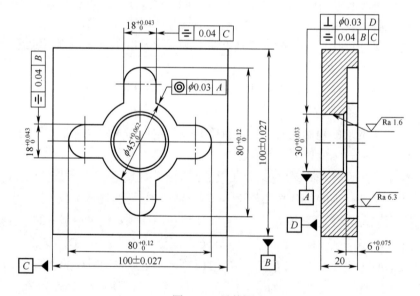

图 5-10　零件图

项目六 三件配合零件的数控加工工艺制订与实施

一、任务描述

如图 6-1 所示（a）（b）（c）（d）（e）为圆柱、圆锥、螺纹三件配合加工图。加工要求为：不准用砂布和锉刀等修饰表面；未注倒角 C1，锐角倒钝 C0.2；未注尺寸公差按 GB/T1804-m；允许钻中心孔；材质为 45 号钢；加工时间为 360min。三零件配合要求为：圆锥配合接触面不小于 70%；螺纹配合应旋入灵活。试正确设定工件坐标系，制定配合的加工工艺方案，选择合理的刀具和切削工艺参数，正确编制数控加工程序并完成零件的加工和装配。

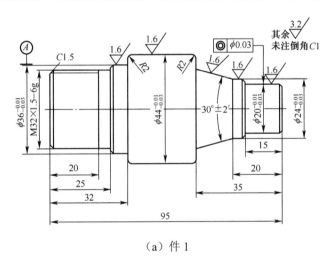

（a）件 1

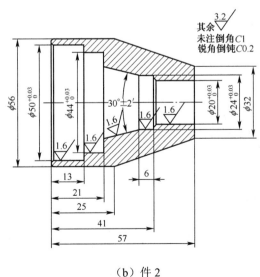

（b）件 2

图 6-1 三零件配合加工

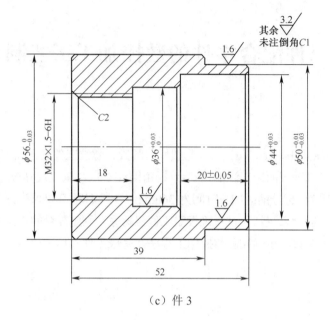

（c）件 3

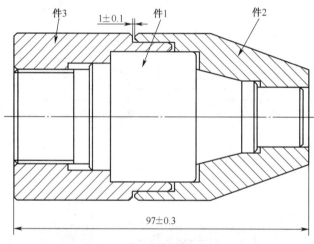

（d）装配图

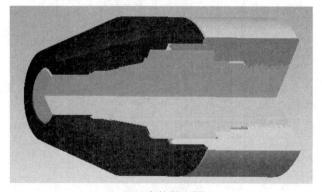

（e）实体装配图

图 6-1 三零件配合加工（续图）

二、任务资讯

1. 加工刀具选择

零件1由外圆、阶台、圆锥、螺纹等组成，因此可选用90°外圆车刀和刀尖角为60°的螺纹车刀来加工；零件2可选用90°外圆车刀加工外部形状，选用90°内孔车刀加工内孔、内圆锥及阶台等内容；零件3可选用90°外圆车刀加工外部形状，90°内孔车刀加工阶台孔，刀尖角为60°的内螺纹车刀加工内螺纹。

2. 相关计算

（1）计算外螺纹 M32×1.5 相关尺寸

1）外螺纹顶径的计算。

$d_{顶} \approx d - 0.13P = 32 - 0.13 \times 1.5 \approx 31.8$mm

2）螺纹总切削深度的计算。

$t \approx 0.65P = 0.65 \times 1.5 = 0.975$mm

（2）计算内螺纹 M32×1.5 相关尺寸

1）内螺纹顶径的计算。

$D_{顶} = D - P = 32 - 1.5 = 30.5$mm

2）内螺纹总切削深度的计算。

$t \approx 0.5P = 0.5 \times 1.5 = 0.75$mm

（3）零件1外圆锥大端直径的计算

如图6-2所示为零件1外圆锥相关计算示意图。坐标原点定在工件右端面与轴线的交点处，过 A 点作平行于轴线的辅助线，交左端直线于点 C，在 $RT\triangle ABC$ 中：

$$BC = AC \times \tan \angle BAC = 15 \times \tan 15° \approx 4.019\text{mm}$$
$$\therefore X_B = 24 + 2 \times BC = 24 + 2 \times 4.019 = 32.038\text{mm}$$
$$\therefore B \text{ 点的坐标为：} X\,32.038\text{mm，} Z-35\text{mm}$$

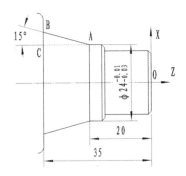

图6-2 零件1外圆锥计算示意图

（4）零件2内圆锥大端直径的计算

如图6-3所示为零件2内圆锥相关计算示意图。计算方法同上，这里不再赘述。

E 点的坐标为：$X\,31.502$mm，$Z-21$mm

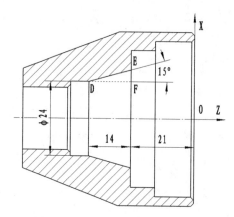

图 6-3　零件 2 内圆锥计算示意图

三、任务分析

零件 1 由 $\phi32m$、$\phi36mm$、$\phi44mm$、$\phi24mm$、$\phi20mm$ 外圆，M32×1.5-6g 外螺纹，30°圆锥及倒角组成。其中 30°圆锥大端直径尺寸未知需计算得出，$\phi36mm$ 与 $\phi20mm$ 外圆有同轴度要求，加工时应采取合理的加工工艺。其余尺寸标注完整、清晰。

零件 2 由 $\phi56mm$ 外圆，右端外圆锥面，$\phi50mm$、$\phi44mm$、$\phi24mm$、$\phi20mm$ 内孔，30°内圆锥及倒角组成。其中 30°内圆锥大端直径未知，需通过计算得出。其余尺寸标注完整、清晰。

零件 3 由 $\phi56mm$、$\phi50mm$ 外圆，$\phi36mm$、$\phi44mm$ 内孔，M32×1.5-6H 内螺纹及倒角组成。尺寸标注完整，结构清晰。

零件 1 与零件 2 通过圆柱、圆锥配合，零件 1 与零件 3 通过圆柱、螺纹配合，零件 2 与零件 3 通过圆柱配合。三个零件装配在一起，形成了装配总长度尺寸 97±0.3mm。

四、任务实施

（一）任务准备

（1）准备《数控加工工艺制订与实施》相关教学资料，包括教材、教参、工作任务书等。

（2）准备教学用辅具、典型轴类零件。

（3）准备生产资料，包括机床设备、工艺装备等。

（4）安全文明教育。

（二）任务实施

1. 确定零件毛坯

分别选用 $\phi48mm×100mm$、$\phi60mm×62mm$、$\phi60mm×57mm$ 圆棒料各一根，毛坯材质为 45 号钢。

2. 刀具类型

制订加工刀具卡片，见表 6-1。

表 6-1　数控加工刀具卡片

产品名称或代号：			零件名称：三零件配合				零件图号：
序号	刀具号	刀具规格及名称	材质	数量	加工表面		备注
1		ϕ4mm 中心钻	高速钢	1	中心孔		
2		ϕ18mm、ϕ28mm 麻花钻	高速钢	1	内孔底孔		
3	T01	90°外圆车刀	YT15	1	端面及外轮廓		R0.2
4	T02	车孔刀	YT15	1	内孔		R0.2
5	T03	外螺纹车刀	YT15	1	M32×1.5 外螺纹		
6	T04	内螺纹车刀	YT15	1	M32×1.5 内螺纹		
编制：			审核：				

3．确定加工工艺

本任务为三零件配合，既要保证单件的加工精度，又要保证三个零件之间的配合精度及三个零件的总装配精度。零件 1 与零件 2 的配合中，圆柱配合是圆锥配合的前提，若想保证圆锥完美配合，必须先保证圆柱能顺利配合，加工过程中可以采用"分解法"，即以零件 1 为基准，把零件 2 各部分尺寸分解开，从小到大逐个加工 ϕ20mm、ϕ24mm、ϕ44mm 和 ϕ50mm 内圆，最后加工 30°内圆锥。而零件 3 与零件 1 的圆柱、螺纹配合中，螺纹配合是圆柱配合的前提，为了保证内螺纹和孔的同轴度，应把它们在一次装夹中加工完成。综合考虑各方面的因素，加工工艺路线安排如下：

（1）自定心卡盘夹持零件 1 毛坯，车 ϕ46mm×30mm 的外圆柱作为定位基准夹持面。

（2）调头夹持 ϕ46mm×30mm 外圆，粗、精车零件 1 左端外螺纹大径、ϕ36mm、ϕ44mm 外圆及倒角、圆角至尺寸要求。

（3）加工 M32×1.5-6g 外螺纹至尺寸要求。

（4）自定心卡盘夹持零件 3 毛坯，伸出长度 42mm 左右，车削端面，钻 ϕ4mm 中心孔，钻 ϕ28mm 通孔，并手动加工 C2 倒角。

（5）粗、精车 ϕ56mm 外圆及 C1 倒角至尺寸要求。

（6）调头装夹零件 3，粗、精车 ϕ50mm 外圆及两处 C1 倒角至尺寸，并保证总长 52mm 尺寸合要求。

（7）粗、精车 ϕ36mm、ϕ44mm 内孔、内螺纹顶径及 C1 倒角至尺寸要求。

（8）加工 M32×1.5-6H 内螺纹至尺寸要求。

（9）不拆卸零件 3，将零件 1 通过螺纹配合安装到零件 3 上，粗、精车零件 1 右端 ϕ20mm、ϕ24mm 外圆，30°外圆锥、R2 圆角及两处 C1 倒角，并保证零件 1 总长尺寸合要求。

（10）夹持零件 2 毛坯，手动车削 ϕ58×3mm 工艺阶台，然后调头夹持 ϕ58mm×3mm 阶台，车端面、打 ϕ4mm 中心孔，采用"一夹一顶"的装夹方式加工。

（11）粗、精车零件 2 外圆锥及 ϕ56mm 外圆至尺寸要求。

（12）调头装夹零件 2，夹持 ϕ56mm 外圆，钻 ϕ18mm 通孔，车端面保证总长合要求，粗、精车 ϕ20mm、ϕ24mm、ϕ44mm、ϕ50mm 内孔，30°内圆锥及倒角至尺寸要求。

制订加工工艺卡片，见表 6-2 至表 6-7。

表 6-2　零件 1 左端数控加工工艺卡片

零件名称	零件 1		零件图号		工件材质	45 号钢
工序号	程序编号		夹具名称		数控系统	车间
1	O0001		自定心卡盘		GSK980T	
工步号	工步内容	刀具号	主轴转速/ （r/min）	进给量/ （mm/r）	背吃刀量/ （mm）	备注
1	车零件 1 左端面	T01	800	0.2	1	自动
2	粗车零件 1 左端外圆	T01	800	0.25	1.5	自动
3	精车零件 1 左端各外圆柱面及倒角	T01	1000	0.1	0.2	自动
4	车 M32×1.5 外螺纹	T03	600			自动
编制		审核		批准		

表 6-3　零件 3 左端数控加工工艺卡片

零件名称	零件 3		零件图号		工件材质	45 号钢
工序号	程序编号		夹具名称		数控系统	车间
1	O0002		自定心卡盘		GSK980T	
工步号	工步内容	刀具号	主轴转速/ （r/min）	进给量/ （mm/r）	背吃刀量/ （mm）	备注
1	打中心孔，钻 ϕ28mm 通孔，倒角 C2		800/300			手动
2	加工零件 3 左端面	T01	800	0.2	1	自动
3	粗车左端 ϕ56mm 外圆	T01	800	0.25	1.5	自动
4	精车左端 ϕ56mm 外圆及倒角	T01	1000	0.1	0.2	自动
编制		审核		批准		

表 6-4　零件 3 右端数控加工工艺卡片

零件名称	零件 3		零件图号		工件材质	45 号钢
工序号	程序编号		夹具名称		数控系统	车间
1	O0003		自定心卡盘		GSK980T	
工步号	工步内容	刀具号	主轴转速/ （r/min）	进给量/ （mm/r）	背吃刀量 /（mm）	备注
1	车端面，保证总长尺寸	T01	800	0.2	1	自动
2	粗车 ϕ50mm 外圆柱面	T01	800	0.25	1.5	自动
3	精车 ϕ50mm 外圆柱面及倒角	T01	1000	0.1	0.2	自动

续表

零件名称	零件3	零件图号		工件材质	45 号钢
工序号	程序编号	夹具名称		数控系统	车间
1	O0003	自定心卡盘		GSK980T	
工步号	工步内容	刀具号	主轴转速/（r/min）	进给量/（mm/r）	背吃刀量/（mm）	备注
4	粗车 $\phi44$mm、$\phi36$mm 内孔及内螺纹顶径	T02	800	0.15	1	自动
5	精车 $\phi44$mm、$\phi36$mm 内孔、内螺纹顶径	T02	900	0.1	0.2	自动
6	车 M32×1.5 内螺纹	T04	600			自动
编制		审核		批准	

表 6-5 零件 1 右端数控加工工艺卡片

零件名称	零件1	零件图号		工件材质	45 号钢
工序号	程序编号	夹具名称		数控系统	车间
1	O0004	自定心卡盘		GSK980T	
工步号	工步内容	刀具号	主轴转速/（r/min）	进给量/（mm/r）	背吃刀量/（mm）	备注
1	车端面保证总长尺寸	T01	800	0.2	1	自动
2	粗车 $\phi20$mm、$\phi24$mm 外圆，30°外圆锥	T01	800	0.25	1.5	自动
3	精车 $\phi20$mm、$\phi24$mm 外圆，30°圆锥及倒角	T01	1000	0.1	0.2	自动
编制		审核		批准	

表 6-6 零件 2 外轮廓数控加工工艺卡片

零件名称	零件2	零件图号		工件材质	45 号钢
工序号	程序编号	夹具名称		数控系统	车间
1	O0005	自定心卡盘		GSK980T	
工步号	工步内容	刀具号	主轴转速/（r/min）	进给量/（mm/r）	背吃刀量/（mm）	备注
1	车端面及工艺阶台	T01	800			手动
2	夹持工艺阶台车右端面，打中心孔	T01	800			手动
3	"一夹一顶"装夹粗车外圆及外圆锥	T01	800	0.25	1.5	自动
4	精车外圆及外圆锥	T01	1000	0.1	0.2	自动
编制		审核		批准	

表 6-7 零件 2 内轮廓数控加工工艺卡片

零件名称	零件 2		零件图号		工件材质	45 号钢
工序号	程序编号		夹具名称		数控系统	车间
1	O0006		自定心卡盘		GSK980T	
工步号	工步内容	刀具号	主轴转速/ （r/min）	进给量/ （mm/r）	背吃刀量/ （mm）	备注
1	夹持 $\phi56mm$ 外圆，钻 $\phi18mm$ 通孔		800/300			手动
2	车端面保证总长尺寸	T01	800	0.2	1	自动
3	粗车内孔	T02	800	0.15	1	自动
4	精车内孔及倒角	T02	1000	0.1	0.2	自动
5	粗车 30° 内圆锥	T02	800	0.15	1	自动
6	精车 30° 内圆锥	T02	1000	0.1	0.2	自动
编制		审核		批准		

五、检查评估

三件配合的加工工艺评分标准见表 6-8。

表 6-8 减速器箱体的加工工艺评分标准

姓名		零件名称	减速器箱体		总得分		
项目	序号	检查内容		配分	评分标准	检测记录	得分
加工 工艺	1	加工余量		10	不合理每处扣 5 分		
	2	切削用量		20	不合理每处扣 5 分		
	3	数控加工工艺		50	不合理每处扣 10 分		
表现	4	团队协作		10	根据具体协作扣分		
	5	考勤		10	根据出勤情况扣分		

六、知识拓展

刀具使用寿命参数的设定方法

数控车床在对工件进行自动加工时，有必要对刀具使用寿命进行设定，以充分发挥刀具的使用性能，提高生产效率，保证工件质量。由于实际加工过程中，工件材料、刀具材料、切削性质、产品批量都对刀具的耐用度有不同的要求，所以，刀具使用寿命没有一个确切的计算方法。实际应用中，要根据切削性质和工件精度的要求，对车刀的磨损极限进行实际测量，来确定刀具的使用寿命。

例如，使用硬质合金车刀精车中碳钢时，刀具的磨损极限 VB 值是 0.3mm，如果使用车刀的前角是 10°，后角是 6°，当刀具达到磨损极限时，刀具将比未磨损时短 0.032mm，操作者可以使用新刀片开始记录加工工件的数量，当刀补值达到 0.064mm 时，说明刀具已经达到磨损极限，该更换刀片了，这时所加工工件的数量就是刀具加工该工件的耐用度。这时，可将该数量输入数控系统，当机床完成这些数量工件的加工后，就会报警，提醒操作者更换刀片。

如果工件的加工批量较小，设定刀具使用寿命的参数就应该以刀具的纯切削时间来确定。根据加工性质、刀片型号，累积计算该刀片达到磨损极限的时间，那么，此时间就是该刀片在这种车削条件下的使用寿命。将该参数输入数控系统，当机床完成相应的加工时间后，就会报警，提醒操作者更换刀片。

七、思考与练习

（一）填空题

1. 配合零件的加工，既要保证单件的_____精度，又要保证三个零件之间的_____精度及三个零件的_____精度。

2. 在机械加工的第一道工序中，只能用毛坯上未经加工的表面作为定位基准，这种定位基准称为_____。在随后的工序中，用加工过的表面作为定位基准，则称为_____。

3. 零件的结构工艺性是指所设计的零件在满足使用要求的前提下制造的_____。

4. 钻削、铰削与镗削是常见的孔加工方法，对于中小孔径的非配合孔我们常采用_____加工，中小孔径的配合孔我们常采用_____加工，中大孔径特别是有位置关系的孔系我们常采用_____加工。

5. 切削用量三要素为：_____、_____和_____。

（二）选择题

1. 在机械加工工艺过程中安排零件表面加工顺序时，要"基准先行"的目的是（   ）。

    A. 避免孔加工时轴线偏斜   B. 避免加工表面产生加工硬化

    C. 消除工件残余应力   D. 使后续工序有精确的定位基面

2. 零件在加工过程中使用的基准叫做（   ）。

    A. 设计基准   B. 装配基准

    C. 定位基准   D. 测量基准

3. 淬火处理一般安排在（   ）。

    A. 毛坯制造之后   B. 粗加工后

    C. 半精加工之后   D. 精加工之后

4. 车床最适于加工的零件是（   ）。

    A. 平板类   B. 轴类

    C. 轮齿成型   D. 箱体类

5. 已知 A_0 为封闭环，图 6-4 中增环个数为（   ），减环个数为（   ）。

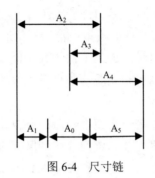

图 6-4　尺寸链

　A．1,4　　　　　　　B．2,3　　　　　　　C．3,2　　　　　　　D．4,1

（三）简答题

根据要求完成以下问题：

1．分析并制定工件加工工艺。

2．合理选择并正确刃磨刀具。

3．制订零件数控加工工艺。

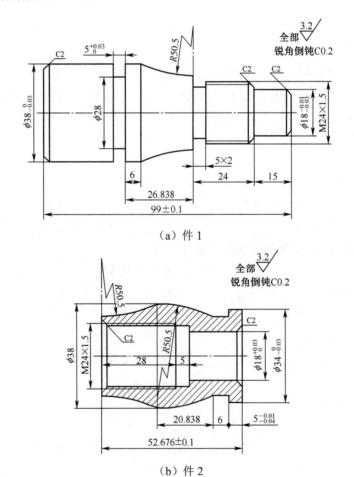

（a）件 1

（b）件 2

图 6-5　两零件配合

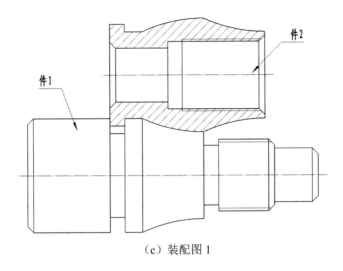

（c）装配图 1

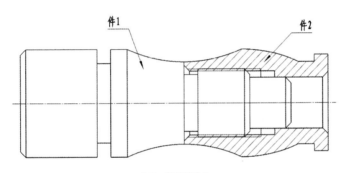

（d）装配图 2

（提示：本题可先加工件 2 内孔及内螺纹，再加工件 1 左端和右端，
加工完件 1 右端后不卸件，件 2 安装于件 1 上加工外圆弧部分）

图 6-5　两零件配合（续图）

附表 机械加工工序卡

德州职业技术学院	综合卡片	产品型号及名称		零部件图号	蜗轮减速器			文件编号		
				零部件名称	WL10-20-000			WL10-20-000GY		
工序			加工单位	设备名称及型号	工装名称及型号	工时/min	材料	HT200		
工序号	名称	内容					工序卡片	协作卡片	检查卡片	备注
0	铸	铸件毛坯应符合图样技术要求	铸造厂							
5	喷丸	喷丸清理铸件各部粘砂	铸造厂	喷丸机						
10	热处理	人工时效处理、消除铸造应力	铸造厂	时效炉			1			
15	涂漆	涂红色防锈底漆	机械车间				1			
20	划线	划上下平面加工线	机械车间				1			
		划 $\phi108$ 及 $\phi901$ 孔加工线								
25	铣	粗、精铣底面（以顶面毛坯定位，按线找正）	机械车间	X52K	压板螺钉，可调支承					
30	铣	粗、精顶面，保证尺寸 29D（以底面定位装夹）	机械车间	X52K	压板螺钉，可调支承					
					编制			会签		
					校队					
					标准化					

标记	处数	修改文件号	签字	日期	标记	处数	修改文件号	签字	日期	审核	批准

德州职业技术学院	综合卡片	产品型号及名称		零部件图号		蜗轮减速器				文件编号			
				零部件名称		WL10-20-000				WL10-20-000GY			
工序				加工单位	设备名称及型号	工装名称及型号	工时/min	材料		HT200			
工序号	名称	内容						工序卡片	协作卡片	检查卡片		备注	
35	铣	铣 ϕ90 两孔侧面（以底面定位装夹找正）		机械车间	X62W	压板螺钉,可调支承		1					
40	铣	铣 ϕ180 两孔侧面（以底面定位装夹找正）		机械车间	X62W	压板螺钉,可调支承		1					
45	钳	第一次煤油渗漏试验并去锐棱、飞边、毛刺		机械车间				1					
50	镗	粗镗 ϕ90H7 孔及 ϕ120 台阶面		机械车间	XD-40A	镗夹具		1					
		钻 4×M8 孔											
		转 180°精镗 ϕ90H7 孔及 ϕ120 台阶面											
		钻 4×M8 孔											
55	镗	粗镗 ϕ180H7 孔及 ϕ205 台阶面		机械车间	XD-40A	镗夹具		1					
		保证尺寸 215；钻 4×M8 孔，钻攻 24×M16 孔											
		转 180°精镗 ϕ180H7 孔及 ϕ205 台阶面											
		保证尺寸 136；钻 4×M8 孔，钻攻 24×M16 孔											
60	钳	第二次煤油渗漏试验并去锐棱、飞边、毛刺		机械车间									
65	钳	修光各处毛刺，攻 16×M8，4×M6 螺孔											
						编制			会签				
						校队							
						标准化							
标记	处数	修改文件号	签字	日期	标记	处数	修改文件号	签字	日期	审核		批准	

德州职业技术学院	综合卡片	产品型号及名称		零部件图号		蜗轮减速器		文件编号				
				零部件名称		WL10-20-000		WL10-20-000GY				
工序				加工单位	设备名称及型号	工装名称及型号	工时/min	材料		HT200		
工序号	名称	内容						工序卡片	协作卡片	检查卡片	备注	
70	钳	第三次煤油渗漏试验		机械车间								
75	成品检查	按图样检查工件各尺寸及精度		质检处				1				
80	入库	凭检查合格证入库								1		
						编制			会签			
						校队						
						标准化						
标记	处数	修改文件号	签字	日期	标记	处数	修改文件号	签字	日期	审核		批准

德州职业技术学院	机械加工工序卡片	产品型号及名称	零部件图号	零部件名称	文件编号
		蜗轮减速器	WL10-20-000	蜗轮减速器箱体	WL10-20-000GY

<table>
<tr><td rowspan="20"></td><td>工序号</td><td colspan="2">25</td></tr>
<tr><td>工序名称</td><td colspan="2">粗精铣底面</td></tr>
<tr><td rowspan="4">材料</td><td colspan="2">名称及牌号</td></tr>
<tr><td colspan="2">HT200</td></tr>
<tr><td colspan="2">硬度</td></tr>
<tr><td colspan="2">HBW120-145</td></tr>
<tr><td rowspan="4">设备1</td><td colspan="2">名称</td></tr>
<tr><td colspan="2">铣床</td></tr>
<tr><td colspan="2">型号</td></tr>
<tr><td colspan="2">X52K</td></tr>
<tr><td>切削度</td><td colspan="2"></td></tr>
<tr><td colspan="3">工装名称及编号</td></tr>
<tr><td colspan="3"></td></tr>
<tr><td>工作等级</td><td colspan="2"></td></tr>
<tr><td>工序工时/min</td><td colspan="2"></td></tr>
</table>

$\sqrt{\text{Ra12.5}}$ $(\sqrt{})$

标记	处数	修改文件号	签字	日期	标记	处数	修改文件号	签字	日期	审核		批准		
										编制		会签		
										校队				
										标准化				

德州职业技术学院	机械加工工序卡片	产品型号及名称	零部件图号	零部件名称	文件编号
		蜗轮减速器	WL10-20-000	蜗轮减速器箱体	WL10-20-000GY

$\sqrt{}$ Ra 12.5 $\left(\sqrt{}\right)$

工序号	30
工序名称	粗精铣底面
材料	名称及牌号
	HT200
	硬度
	HBW120-145
设备1	名称
	铣床
	型号
	X52K
切削度	
工装名称及编号	
工作等级	
工序工时/min	

									编制		会签		
									校队				
									标准化				
标记	处数	修改文件号	签字	日期	标记	处数	修改文件号	签字	日期	审核		批准	

德州职业技术学院	机械加工工序卡片	产品型号及名称		零部件图号	零部件名称		文件编号	
		蜗轮减速器		WL10-20-000	蜗轮减速器箱体		WL10-20-000GY	

				工序号	35			
				工序名称	铣 $\phi 90$ 两孔侧面			

$\sqrt{}$ Ra 12.5 $\left(\sqrt{}\right)$

材料	名称及牌号
	HT200
	硬度
	HBW120-145

设备1	名称
	铣床
	型号
	X52K

切削度	
工装名称及编号	

工作等级	
工序工时/min	

								编制		会签		
								校队				
								标准化				
标记	处数	修改文件号	签字	日期	标记	处数	修改文件号	签字	日期	审核		批准

德州职业技术学院	机械加工工序卡片	产品型号及名称	零部件图号	零部件名称	文件编号
		蜗轮减速器	WL10-20-000	蜗轮减速器箱体	WL10-20-000GY

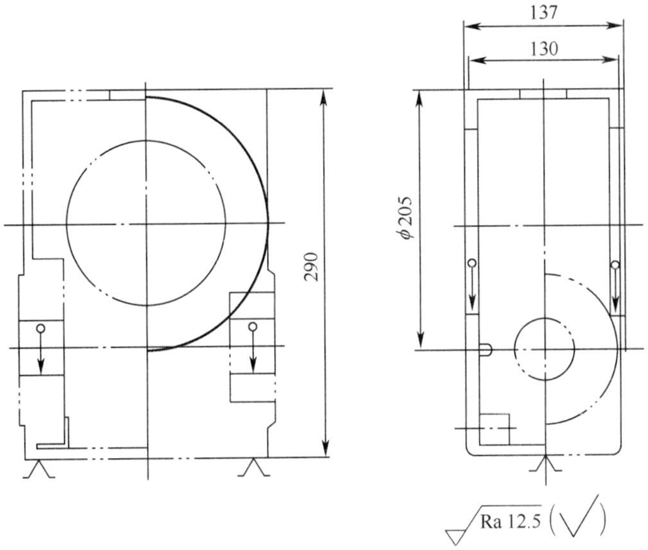

工序号	40	
工序名称	铣 ϕ180 两孔侧面	
材料	名称及牌号	
	HT200	
	硬度	
	HBW120-145	
设备 1	名称	
	铣床	
	型号	
	X52K	
切削度		
工装名称及编号		
工作等级		
工序工时/min		

137
130
ϕ205
290

$\sqrt{Ra\ 12.5}$ ($\sqrt{}$)

标记	处数	修改文件号	签字	日期	标记	处数	修改文件号	签字	日期	审核	批准		
										编制		会签	
										校队			
										标准化			

德州职业技术学院	机械加工工序卡片	产品型号及名称		零部件图号	零部件名称	文件编号
		蜗轮减速器		WL10-20-000	蜗轮减速器箱体	WL10-20-000GY

工序号		50
工序名称		粗精镗 ϕ90 孔
材料	名称及牌号	
	HT200	
	硬度	
	HBW120-145	
设备 1	名称	
	铣床	
	型号	
	XD-40A	
切削度		
工装名称及编号		
镗夹具（一）		

210
290
100±0.12
85
$C1$
$\phi90^{+0.037}_{0}$
Ra 1.6
55
215
Ra 3.2
$\phi90^{-0.027}_{0}$
$\phi120$
Ra 1.6
B
$\circledcirc$ $\phi0.05$ B
Ra 3.2
8×ϕ6.4
Ra 1.6
Ra 3.2 ($\sqrt{}$)

										工作等级	
										工序工时/min	
									编制	会签	
									校队		
									标准化		
标记	处数	修改文件号	签字	日期	标记	处数	修改文件号	签字	日期	审核	批准

德州职业技术学院	机械加工工序卡片	产品型号及名称		零部件图号	零部件名称	文件编号
		蜗轮减速器		WL10-20-000	蜗轮减速器箱体	WL10-20-000GY

工序号		55	
工序名称		粗精镗 ϕ180 孔	
材料		名称及牌号	
		HT200	
		硬度	
		HBW120-145	
设备 1		名称	
		铣床	
		型号	
		XD-40A	
切削度			
工装名称及编号			
镗夹具（二）			
工作等级			
工序工时/min			

									编制		会签		
									校队				
									标准化				
标记	处数	修改文件号	签字	日期	标记	处数	修改文件号	签字	日期	审核		批准	

参考文献

[1] 郑旭. 数控加工工艺制订与实施[M]. 西安：西南交通大学出版社，2013.

[2] 蒋兆宏. 典型零件的数控加工工艺编制[M]. 北京：高等教育出版社，2011.

[3] 侯云霞. 机械加工工艺制订项目教程[M]. 北京：人民邮电出版社，2012.

[4] 翟瑞波. 数控加工工艺[M]. 北京：北京理工大学出版社，2010.

[5] 金捷. 机械加工工艺编制项目教程[M]. 北京：机械工业出版社，2013.

[6] 顾京. 数控加工编程及操作[M]. 北京：高等教育出版社，2003.

[7] 李正峰. 数控加工工艺[M]. 上海：上海交通大学出版社，2004.

[8] 贾岭. 数控加工工艺基础[M]. 重庆：重庆大学出版社，2004.

[9] 罗辑. 数控加工工艺与刀具[M]. 重庆：重庆大学出版社，2006.

[10] 徐小东. 机械制造工艺目教程[M]. 北京：电子工业出版社，2011.